罗针镇姬菇产业被
评为全国示范镇

作者所在地的丁湖
村被评为"百强村"

作者被授予新农村
建设突出贡献者

作者被授予全
国科普惠农兴
村带头人

1

作者于中国工程院院士、中国菌物协会会长李玉

作者与中国食用菌协会副会长卯晓岚教授

作者与华中农业大学罗信昌教授

自动化冲压
装袋机装料

简便装袋机装料

装料扎口后的料袋

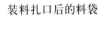

料袋搬上灭菌灶

3

堆叠在灶锅上料袋

灶上罩篷常压灭菌

袋料灭菌后
卸锅冷却

接种箱内接入
姬菇菌种

4

接种后菌袋排叠

荫棚内码垛养菌

室内集约化
叠袋养菌

平地"井"字
形叠袋养菌

套环口拔去棉塞

解去袋口扎绳

开口后适量引
光激发原基

标准化菇房

简易荫棚

遮阳网塑料棚

菇房码垛
菌墙长菇

室内架层
摆袋长菇

7

姬菇废渣再利用
栽培双孢蘑菇

灰黑色姬菇

棕黄色姬菇

洁白色姬菇

8

新农村建设致富典型示范丛书

姬菇规范化栽培致富

——江西省抚州市罗针镇

编著者

方金山　周贵香

方　婷　李　娟　孔学梅

金盾出版社

内 容 提 要

本书系新农村建设致富典型示范丛书之一。内容包括：姬菇规范化栽培的理念与实质、基础知识与条件、生产工艺、管理、新技术、病虫害防治技术、产品采收与加工技术、产品质量标准、姬菇菌渣二次利用等10个部分。典型突出，内容新颖，技术先进，针对性与可操作性强，适合于从事食用菌产业的广大农民和农业科技人员阅读，对农林院校相关专业师生和科研人员有参考价值，亦可作为农业职业技能培训教材。

图书在版编目(CIP)数据

姬菇规范化栽培致富：江西省抚州市罗针镇/方金山等编著．-- 北京：金盾出版社，2010.7

（新农村建设致富典型示范丛书）

ISBN 978-7-5082-6401-1

Ⅰ.①姬… Ⅱ.①方… Ⅲ.①食用菌类—蔬菜园艺

Ⅳ.①S646

中国版本图书馆 CIP 数据核字(2010)第 068108 号

金盾出版社出版、总发行

北京太平路 5 号(地铁万寿路站往南)

邮政编码：100036　电话：68214039　83219215

传真：68276683　网址：www.jdcbs.cn

北京金盾印刷厂印刷

装订：永胜装订厂

各地新华书店经销

开本：787×1092 1/32　印张：6　彩页 8　字数：120 千字

2010 年 7 月第 1 版第 1 次印刷

印数：1～10 000 册　定价：11.00 元

前　言

　　江西省抚州市罗针镇人口 43 986，人均仅有耕地 500 平方米，是一个人多地少、经济欠发达的革命老区。改革开放以来，该镇党委和政府始终把民生问题列为工作的重心，积极寻找发展农村经济，提高农民生活的致富门路。他们多年的实践表明，食用菌是一个适合农家创业致富的"短、平、快"项目。

　　为更好引导产业发展，该镇两委制定了"以菇兴镇，突出一品"的战略方针，瞄准了具有特色的姬菇这一食用菌品种，切实加强组织引导、财政扶持，发动群众改变原有农家小量生产方式，深入探索创新，把社会化生产引向安全、高效、规范化栽培方向，实现跨越发展。经过几年来的努力，罗针镇以姬菇为主的食用菌产业发展态势良好，已成为当地农民致富奔小康的主要经济来源。

　　在罗针镇姬菇产业发展的过程中，起着带头作用使许多农民走上了富裕道路的领路人就是方金山，他是该镇丁湖村一个土生土长的农民，在这块革命老区"红土地"上，围绕着食用菌科研、生产、加工和流通等环节，摸爬滚打了 20 多个春秋，如今成了远近闻名的优秀农民企业家。在他的带动下，罗针镇姬菇规范化栽培初见规模，加快了当地新农村建设的步伐。虽然取得了一定的成绩，但罗针镇的领导和群众并没有因此而沾沾自喜，他们清醒地意识到，目前整个产业的发展与新形势的要求尚有差距，还必须坚持科学发展观，抓住机遇，不断开拓创新，进一步朝着高产、优质、安全、高效方向努力，争取把姬菇产业做大做强，使全镇经济再上一个新台阶！

《姬菇规范化栽培致富——江西省抚州市罗针镇》一书被列入"新农村建设致富典型示范丛书"，这是金盾出版社对革命老区人民的关怀与支持，我国著名食用菌专家丁湖广教授，在本书的编写过程中给予热情指导，在此谨表谢意！本书的出版，希望能为广大正在或有意从事食用菌生产的农民朋友提供有益的参考，更好地发展姬菇生产，加快实现小康，这是我们由衷的祝愿！

郑　军

江西省抚州市临川区罗针镇镇长

2010 年春

　　本书作者通讯地址：江西省抚州市临川区罗针镇新街 108 号
邮编：344103　　电话：0794－8412598　　手机：18970481888

目　　录

一、姬菇规范化栽培致富一方的带头人

江西省抚州市罗针镇这块红土地上，许多农民长期以来"脸朝黄土背朝天，春夏秋冬忙田间"，到头来仅能填饱肚子。全镇4.2万农业人口，人均耕地面积只有500平方米，属人多地少的贫困老区。改革开放以来，镇党委和政府瞄准了食用菌产业，制定"以菇富民"的策略，抓住"一镇一品"的姬菇这一特色品种，切实加强组织领导，财政扶持，千方百计引导农民从原有粗放的生产方式，逐步向安全、高效、规范化栽培方向发展。在这个过程中深入探索新技术，不断攻关，取得了一个又一个新的突破。1998年，采用稻草为原料栽培姬菇等试验研究成功，该项目获得第二届国际食品、饮料（技术）博览会"国际优秀奖"。近年来，罗针镇姬菇产业发展较快，2009年全镇102户农民从事姬菇生产，总产量2 360吨，产值944万元，占农业总产值的36.8%。该镇丁湖村36户菇民，年栽培姬菇288万袋，平均每户栽培8万袋。涌现出了许多致富典型，2009年，菇农周俊栽培姬菇10万袋，获利19万元；菇农周盛保栽培8万袋，获利16.5万元，像这样的典型户全镇就有86户。不仅如此，罗针镇姬菇规范化栽培技术还辐射到抚州市内外，促进全市姬菇生产，栽培量达1亿多袋，年产姬菇1.6万吨，菇农纯收入2.6亿元。如今姬菇已成为当地农民生财致富奔小康的重要途径。以姬菇为主导的食用菌生产，已成为当地经济发展的支柱产业。

罗针镇姬菇产业的兴起与发展，这其中有一位在"姬菇王国掘金山"的农民——方金山，起了至关重要的带头作用。这位当年名不见经传的普通农民,在姬菇产业中摸爬滚打 20 多个春秋,如今成了当地远近闻名的姬菇种植大户和姬菇生产、研究、开发的带头人。他也因此荣获"全国科普惠农兴村带头人"、"江西省劳动模范"、"江西省农村科普先进个人"、"江西省首届十大杰出青年农民"、"抚州市优秀共产党员"等众多荣誉。更有中央电视台、江西电视台、《江西日报》等众多媒体都对他的典型事迹进行了报道。人们不禁要问,他是如何一步步地走上成功之路的呢?

(一)自强不息,汗洒创业艰辛路

1. 高考落第,断指心酸

1982 年,高考落榜的方金山,回到了家乡临川区罗针镇丁湖村。眼看着父辈们每天日出而作,日落而息,终日在土地里辛勤刨食,度日艰难的情景,18 岁的方金山胸中涌起一股心酸的滋味,时常不停地扪心自问,自己能不能不重复父辈的故事,走出一条新的谋生之路。此后,他便开始了人生创业的探索。

起初,他跟随姑父学做木竹生意,那时木竹的运输主要靠水运。每年秋冬时节,他们都要远赴福建、浙江等山区收购木竹,春夏时节,便将一大批木竹捆绑成结实的木竹排,沿着江河运到销售地方。那时候,他一年大部分时间吃住在木竹排上,风餐露宿,苦不堪言。即使这样,一年到头也赚不了几个钱,还常常有生命危险。经过苦苦思索,方金山认为这不是自己应该走的路!

2 年之后,他又通过亲戚介绍,跟随附近的一名木工师傅当学徒,初步掌握了一些木匠技术后,辗转南昌、九江等城市的建筑工地做木工活。每天起早摸黑,1天能赚到30多元的工资,1个月除去刮风下雨,能挣到600元左右。尽管这项工作很辛苦,收入也不算高,但毕竟可以维持一家人的生计。他本来想就这样顺着这条路走下去,可天有不测风云。在一次电锯木板过程中,他的一根手指不小心被电锯锯断,好好的十个手指残缺了一个,这让方金山痛不欲生,靠做木工赚钱已是不可能了,只能另觅他径。后来,他又试过养猪,但投资大,风险大,1年之后又被迫中断。

2. 求富无术,种菇失败

生活的艰辛,人生的失意,使他开始重新思考自己的人生,决心要找到一条自谋发展、自我创业的致富之路。经过深深的思考,他认识到自己最根本还是缺乏一门致富技术。为此,他四处奔波,从同学、亲戚、朋友家中找来各种报纸杂志,从中搜寻致富信息。一次偶然的机会,他在《农村百事通》杂志上看到一条姬菇种植致富的信息,从中了解到姬菇种植投资小,收效快,风险小,所需的劳动强度也不大,且市场前景看好。经过全方位的考察,他看准了姬菇种植业。经过初步的学习摸索,他便开始试着栽培。没有钱买栽培袋,就走村串户去收购便宜的废酒瓶;没有钱买原料,就步行到距家20余公里外的产棉区去拾棉籽壳;没有栽培房,就腾出刚结婚的洞房。一切准备就绪后,他便天天泡在菇房里,盼着菌包长出菇来。然而,他失败了,再三试验,还是失败。面对一连几次的徒劳无功,他认识到:自己失败的主要原因,还是对姬菇栽培技术没掌握到手。

3. 拜师学艺,初获收益

1986 年春,方金山怀揣着家里卖猪崽凑齐的 100 元钱,慕名来到江西省宜春市微生物研究所拜师学艺。白天,他跟随老师实践,学习理论知识,晚上他便如饥似渴地徜徉在知识的海洋里,掌握每一个细节,领会每一道程序。通过 2 个月的系统学习,顿觉眼界大开,信心大增。回到家里,他便急着从亲朋好友那里借来 500 元钱,重新开始种菇试验。配料、灌料、浇水……狭小昏暗的菇房里,终日又见他忙碌的身影。苍天不负有心人,他获得了丰厚的回报。1 个月以后,他提着自产的第一篓姬菇,到罗针集市场去卖,因其质优价廉,被消费者抢购一空。此后的一年时间里,他就靠姬菇赢利 5 000 多元。

(二)勇立潮头,开拓姬菇致富经

1. 牢结菌缘,深入探索

初尝科技种菇甜头的方金山,从此与姬菇结下了不解之缘。在抓好姬菇种植的同时,他还不断加强学习和研究姬菇的生物学特性和生理生化条件。他没有把辛苦种菇赚来的钱用在生活享受上,而是用于订阅《中国食用菌》、《致富快报》、《农村百事通》等 10 多种报纸杂志。白天辛勤劳作,晚上还抽出时间学习,结合自己的实践,做笔记、写心得、做试验,不断总结与创新。1988~1989 年,他又专程赴江西省农村致富技术函授大学、中国农村致富技术函授大学学习了半年,为拓展自己的姬菇种植事业打下了坚实的专业知识基础。

在抓好姬菇种植的基础上,他不断摸索金针菇、草菇、茶树菇、杏鲍菇等新品种的种植技术。1990年,他初试生产的金针菇菌丝始初长势良好,但在发菌期却大量被杂菌污染,最终失败。经过无数次失败的方金山没有气馁,而是认真查找原因,反复试种,也正是凭着这种锲而不舍的精神,在此后的几年时间里,他系统地掌握了金针菇、茶树菇、杏鲍菇、茶薪菇、鸡腿蘑等20多个新品种的种植技术。尤其是自2003年开始,他还与东华理工大学、江西省农业科学院联姻,研究开发了虎奶菇这一具有药用价值的新品种。此项研究得到了上级部门和有关专家的充分肯定,2007年该技术获得了"国家农业科技成果转化项目"的资助,荣获"江西省科学技术三等奖"及"抚州市科学技术一等奖"。

2. 引进技术,改革创新

科学技术是第一生产力。提高姬菇的种植效益,必须从降低生产成本,提高产品质量上下功夫,而这一切都离不开生产过程中的技术创新。这些年来,方金山在这方面做出了不懈努力,通过采用对比试验的方法,将生料栽培改为熟料栽培,不仅提高了姬菇产量,还缩短了生长期;将长过金针菇的废料,再用作姬菇种植的原料,使每袋节约成本0.45元;还引进和利用"阿姆斯发酵技术",大大提高了菌种的质量;将灭菌用的高压锅用废旧的汽油桶代替,降低了成本;和"川野"、"江西仙客来"等公司联合研究开发食用菌加工、保鲜等新技术,延长了食用菌产业链,提高了市场占有率。正因为如此,在别人种菇为利润发愁的时候,他的种菇效益却连年上升。

3. 开拓市场,树立品牌

大量鲜菇产出后,如何销售这是摆在每个菇农面前的一个不可回避的问题。方金山通过在集镇上租用的摊位吸引顾客、在人口密集的街上拉横幅等方法宣传自己的菇品,提高知名度,促进了销售。自产品上市那天,他就经常和妻子一起到罗针、唱凯、云山等附近的集镇上卖菇,一边摸索了解市场行情,一边结识业界人士。

通过几年的市场闯荡,他认识到,一个好的品牌,是拓宽市场的"金钥匙"。为了树立自己的特色品牌,2003年初,他筹资20余万元,在罗针镇丁湖村创办起临川区第一家菌类栽培基地,建起固定栽培房10 000平方米,塑料大棚6 240平方米。此后,他广罗食用菌生产、加工、销售方面的科技人才,走产、工、销一体化发展之路,并成功注册了"方金山牌"食用菌,通过国家无公害农产品的认证。2007年,"方金山牌"产品,获得了"江西省名牌农产品"的荣誉称号。为了进一步做大做强姬菇产业,在抓好品牌创建的同时,他还注重多渠道开拓市场。一方面,将各类品种分门别类推向市场,不但将自己的产品卖到抚州的各大集贸市场上,而且还推销到抚州的"步步高"、"振宇"、南昌的"家乐福"等大型超市。

为了进入超市,他千方百计将生产基地申报"江西省无公害农产品(蔬菜)产地",获得了农业部"无公害"产品认证。同时注重诚信经营,在产品销售中,从不以劣充优,以次充好,不短斤少两。20多年,凡是在方金山处购买过菌菇的群众都说,他从来没有给产品添一丁点儿水,做到分量够,质量好,价格合理。他常说,不诚信经营,既坑顾客,更祸害自己。此后"方金山牌"食用菌成为江西省市场上的畅销产品,这也为他

带来了丰厚的利润。自 2003 年开始,他每年种菇利润都在
30 万元以上。

4. 事业成就,支撑有人

有人说过,一个成功男人的背后,必定会站着一个坚强的
女人。方金山也是这样,在他的背后就站着一个贤惠、勤劳、
坚强的女人,这就是他的妻子——"全国三八红旗手"周贵香。
方金山毫不掩饰地说"军功章里有我的一半,也有妻子的一
半"。在他创业 20 多年的风雨历程中,周贵香与之相依相携。
无论严寒酷暑,无论白天黑夜,随着丈夫一起,搞试验、拌料、
配料、灌袋、浇水,分析研究各种数据,探讨各种栽培技术;在
遭遇挫折和失败时,她以女性的温柔安慰、鼓励丈夫,给他信
心、力量和勇气;在获得成功时,她与丈夫分享快乐。当初头
回搞姬菇试验失败的时候,方金山三天三夜躺在床上,茶饭不
思,情绪非常低落,看到这种情景,作为妻子的她,心里非常痛
苦,但她深知,自己不能趴下,否则对丈夫的打击就更大。因
此,她振作精神,开导、安慰丈夫,鼓励丈夫振作起精神,并千
方百计从亲戚朋友家借来资金,买好菌种、原料,让丈夫接着
试验。也正是在坚强妻子的全力支持、鼓舞下,方金山才得以
从失败一步步走向成功。

(三)传播科技,满腔真情献老区

1. 富不忘本,经传老区

方金山深知自己是农民的儿子,也是一名共产党员。他
了解农民的辛苦,更了解农民渴望致富的迫切心情。创业成

功的他时刻没有忘记众多还没能脱贫致富的农民兄弟。江西是革命老区，乡亲们更需要有懂科学技术、有致富能力的领头人，来带领他们共同致富，他深感责无旁贷。自他通过姬菇种植致富后，就一直在积极开展科技推广工作，先后在本地发展了周金生等35个贫困专业户，在他的带领下，周边的唱凯、湖南、云山、孝桥、腾桥等乡镇掀起了一股种菇致富的热潮，仅在2003年周边乡镇就有400多家农户种姬菇，走上致富之路。看到很多农民有种菇致富的热切期盼，他以自己创办的食用菌基地为依托，建起实践与理论相结合的食用菌技术培训基地，为来自赣州、井冈山、吉安等老区的农民兄弟实行免费教学。据统计，近年来培训基地培训学员达2 600余人次。他还先后随科普工作团到井冈山、吉安、延安、遵义等革命老区开展技术交流、传经送宝，把自己的致富本领无私传授给老区人民，奉献自己的真诚爱心。

在常人看来，教徒弟要留一手。而深知学技艰辛的方金山却时常想，自己也是在别人的帮助下才有了今天，特别是原华东农业大学食用菌研究专家杨新美教授90高龄时，仍孜孜不倦撰写论文，他那种无私传授食用菌栽培技术的精神深深感染了他。为了让更多的农民兄弟在自己家里就能掌握食用菌栽培技术，更快地脱贫致富，1989年他开始在《农村百事通》、《致富快报》、《农村新技术》等多种面向农村的报纸杂志上，发表种菇心得和技术文章，撰写了《袋栽姬菇的技术管理要诀》、《杏鲍菇高产栽培技术》、《大球盖菇室内栽培技术》等文章。之后，他又夜以继日地著书立说，2005年编写了由中国林业出版社出版的《食用菌培育法》、《草菇栽培技术》，2008年又编写了由中国农业出版社出版的《茶树菇无公害栽培技术》等书籍，把自己的经验和技术，无私地传授给全国各地农民。

2. 乐于奉献,情暖华夏

"人要想活得充实,就要有一种乐于奉献的精神。把自己的技术无私传授给需要帮助的人,是人生的一大快乐。"方金山是这样说的,也是这样做的。随着名气越来越大,来自全国各地咨询食用菌种植各种疑难问题的电话、信件纷至沓来,对于咨询电话,他总是不厌其烦地给予解答;晚上,他还要对每封来信进行回复,或解答疑难,或送去学习资料。对来到生产基地学习的学员,他更是做到让人家高兴而来,满意而归。

方金山为人正直、热情,乐于助人,传授技术不保留。浙江金华有一位学员,在拜访方金山学技之前,到过很多地方求学,结果都有"卖狗皮膏药"之嫌。一次从《农村百事通》看到封面人物方金山的事迹后,为了探个虚实,他特意来到江西,找到《农村百事通》编辑部了解情况,然后抱着试试看的态度慕名来到方金山的家中。方金山手把手地向他传授技术,使这位学员深有感触地说:"方师傅的确是个好人,他的事迹一点不假,向人家传技术毫无保留,在他的身边可以学到真技术"。其实在方金山身边不仅可以学到技术,还可学到他的人品。到他家拜访时,你时常可以看到,学员们可以随意下厨,弄一些适合自己口味的菜肴;他还力所能及地帮助学员解决生产、生活中各种困难和问题。江西瑞金一位学员,家境困难,学成回家后,没有钱买原料、菌种,方金山得知后,连忙到邮局给他汇去200元钱。2008年夏天,由于天气太热,来自广西桂林的学员李思平不慎中暑,方金山连忙放下手中的活,跑到医院为他买药,后来见效果不明显,又带他到医院看病,晚上还陪在他身边,一连照顾他三四天。病愈后,李思平动情地说:"方师傅,在你这里,就像在自己家里一样,你就像我的亲兄长"。每逢学员慕名而来或学成回乡时,方金山都要亲自到车站去接送,让来的学员宾至如归,为回去的学员送上良好的祝愿。

3. 标新立异,不断攀登

这些年随着事业的蒸蒸日上,良好声誉的不断远播,方金山成了各级媒体的聚焦人物。中央电视台《致富经》、江西电视台《稻花香里》、《寻访》等栏目,先后对他进行了专题宣传;《人民日报》、《江西日报》等报刊都进行了报道;《农村百事通》、《农村新技术》杂志将他列为封面人物。正因为如此,全国各地慕名向他学技术的人越来越多,不仅有农民,还有下岗工人、大学毕业生、分流干部、待业青年。他们有的越山涉水,不远千里;有的通过电话咨询,有的发来信函求教;有的地方和部门则邀请他去讲课。也正是基于这种形势,方金山在巩固传统教学方式的同时,与时俱进,开拓创新,推出了网络教学。为此他购置了电脑,并在中国食用菌商务网上开通了个人网页,公布了自己的 QQ 号,帮助全国各地菇农,通过互联网迅速解决食用菌培植技术的难题。2009 年在江西省农函大的支持下,又创办了江西省抚州市农民实用技术实训基地,为一大批返乡农民工提供了再就业的机会。

随着各地从事食用菌生产人员越来越多,为了增强菇农抵御风险的能力,增强发展后劲,2003 年,他申请创办了临川区食用菌协会,引导、鼓励、组织全国各地 7 200 多户菇农加入协会。同时,大力推行"龙头企业＋协会＋基地＋农户"的生产模式。通过外跑市场、内强会员和实行保护价收购等措施,让农民无风险地从事姬菇生产,大大地提高了广大群众种菇的积极性。此外,为了使食用菌产业能够在周边地方做大做强,造福老区人民,他又联合附近 60 多户菇农,筹集资金 100 多万元,组建成立"临川金山食用菌专业合作社",改变菇农单打独斗的局面。合作社成立后,他通过加强领导,完善制度,强化管理,将姬菇产业做大、做优、做强。几年来,"临川金山食用菌专业合作社"荣获众多荣誉,2007 年被江西省政府授予"江西省优秀专业合作社";被江西省农业厅授予"江西省农民专业合作社示范点"和"江西省标兵专业合作社";2009 年又被江西省政府授予"江西省优秀农民专业合作社"。

二、姬菇规范化栽培理念与实质

(一)理念与内涵

规范化实际是对一个产品的生产全过程按照规定的标准和技术规程进行操作,是产品生产全过程技术集成的科学归纳,也是管理者检查监控质量的对照依据。生产不规范,生产过程没有标准,也就无法进行质量控制。姬菇是农产品,姬菇规范化就是以产品的质量为宗旨,通过国家和部颁标准或地方和企业标准,来衡量产品达到不同档次的质量,诸如有机食品、绿色或无公害食品等标准。国家标准管理委员会颁布的《中华人民共和国农产品质量安全法》(2006 年 11 月 1 日起施行)中指出:"农产品质量安全标准,是强制性的技术规范",它也是姬菇规范化生产的是总纲。

姬菇规范化建设涵盖产前、产中、产后各个环节,紧扣成一个产业链。借用国际 ISO 9000 质量体系和 HACCP 食品安全体系管理理念和控制手段,对姬菇生产全流程中的关键环节,进行技术规范操作,并加以控制和管理,有效地预防减轻或清除各种危害的"关键控制点";随时消除在操作过程中出现的偏差,不断提升技术水平,确保产品质量的安全性和稳定性。因此,姬菇规范化生产是贯穿生产全过程,涵盖着原辅材料、菌种制作工艺、栽培场地环境,房棚结构、载体基质制作、接种培养、长菇生态控制、病虫害防治,以及产品采收加工、包装、贮藏运输及销售等各个环节的实际操作中,构成整个姬菇产业链的规范化体系。

(二)总体目标

　　规范化总体目标是姬菇生产全过程要求达到安全高效、产业可持续发展为最终目的。这其中围绕着技术集成、转化并改造,按照规范化的要求,及时解决生产中的技术难点,进一步提高姬菇生产标准化程度,集成姬菇生产配套技术,促进姬菇产业由一般常规生产转向规范化、基地化栽培,进一步提升产业层次和产品档次,提高生产者的经济效益和社会效益。

(三)体系格局

　　姬菇规范化体系结构,是对生产全过程进行合理布局,主要分为产地基础、生产工艺、栽培园艺、产品加工 4 个部分。每个部分根据生产技术规程和标准要求进行作业。为便于一目了然,这里用图示表达。见图 2-1。

图 2-1　姬菇规范化体系结构

（四）生产效益

规范化生产的实施,改变了原有那种粗放型生产耗料大、成本高、效益差的现状,使姬菇产业走上节能低耗、安全高效的轨道。一个青壮年劳动力通常可栽培管理 5 000 千克培养料的姬菇生产。只要建造长 22 米、宽 5 米的菇棚 1 个,包括建棚、栽培原料成本、雇工等总投入 4 600 元,按现有姬菇生产 100％转化率计算,5 000 千克料,可产鲜菇 5 000 千克,按每千克最低价 3 元计算,其产值 1.5 万元,除成本外,纯收入可超万元,其投入与产出比为 1∶3,投入与利润比为 1∶2。因此,姬菇生产是一个投资省、效益高的短、平、快致富项目。

近年来,江西省抚州市临川区食用菌协会、临川区丁湖食用菌研究所课题组,利用稻草来代替传统的棉籽壳等原料,栽培姬菇获得成功,该项目已获得国际优秀奖。目前稻草栽培姬菇技术已在全国各地推广。该技术具有成本低、产量高、栽培周期短、原料易得(凡是水稻产区、小麦、豆科类农作物秸秆一年四季均可收集)等优点。一般每栽培 1 万袋(规格:16.5 厘米×33 厘米)比用棉籽壳原料直接节省资金 3 680 元,增收 6 800 元。该技术最大的优点是用作物秸秆取代了价格昂贵的棉籽壳。作物秸秆的培养基含水量大,结构疏松,保水性强,产量转化率高,而且还可避免一到收获季节,农村大量的作物秸秆焚烧污染了空气,栽培后的废料仍可用作燃料,也是农业较好的肥料,由此带来了良好的生态效益和社会效益,因此,大有推广应用的价值。

(五)姬菇产业状况与入市条件

1. 产业发展状况

姬菇最早是由日本开发栽培的,很受消费者欢迎。其名称也是源于日文名。在 20 世纪 80 年代后期引入我国,先后在山西、河北、湖南和四川等地投入生产。90 年代后期发展较快,到 2000 年姬菇这一品种已被列入我国食用菌品种独立统计范围,全国年产量 83 832 吨(鲜品),主产区为辽宁、四川、山东、湖南、陕西。2001 年产量达 119 932 吨;2003 年发展到 222 909 吨,比 2001 年将近增长 1 倍;2006 年上升到 406 630 吨,比 2003 年增长 82.4%。2007 年全国姬菇总产量 421 406 吨,与秀珍菇 133 596 吨相比,产量超过 2.1 倍;与杏鲍菇、白灵菇、茶薪菇、滑菇等相比,产量也超过 1 倍。近 3 年来,姬菇产量稳定在 40 万吨以上,主产区河北 169 233 吨、湖南 56 500 吨、四川 15 600 吨、浙江 10 000 吨、山东 6 000 吨,此外,山西、吉林、上海、安徽、河南、广东、江西、福建、陕西等省、直辖市均有生产。

姬菇形态与平菇近似,但姬菇口感更脆嫩,味道更鲜美,富含蛋白质、糖分、脂肪、维生素和铁、钙等微量元素,长期食用,有降低高血压和降低胆固醇含量的功能,而且耐贮运性强,市场发展前景十分看好。

2. 产品市场准入条件

商务部 2007 年 1 号文件公布《流通领域食品安全管理办法》(2007 年 5 月 1 日起实施)。《办法》第七条第一点中规定

"协议准入制度"指出:市场应与入市经销商签订食品安全保证协议,明确安全责任,建立直供关系。产品市场准入条件,分为国际市场准入条件和国内市场准入条件两方面。

(1)国际市场准入条件 出口姬菇产品国际市场准入条件,主要有以下 3 项内容:

①内在品质 制成品应符合国际市场的安全卫生要求,即符合 WTO 组织的 SPS(实施动植物卫生检疫措施协议)规定检测项目和卫生指标;

②外在品质 符合国际市场分类标准,即符合 WTO 组织的 TBT(贸易技术壁垒)有关规定标准;

③标识规范 标识要符合国际市场认可,可追溯管理标准要求。可追溯管理的核心内容,是规范化作业记录,要有专职的质保人员,对生产加工过程进行专职作业。

(2)国内市场准入制度 我国 2001 年建立了食品质量安全市场准入制度,对食用菌与蔬菜等食品一样,推行市场准入制。这项制度包括 3 项内容:

①生产许可制度 要求生产加工企业具备原料进厂把关、生产设备、工艺流程、产品标准、检验设备与能力、环境条件、质量管理、贮藏运输、包装标识、生产人员等,保证产品质量安全的必备条件。取得生产许可证后,方可生产销售食用菌产品。

②强制检验制度 强制要求企业产品必须经检验合格,方能出厂销售。

③市场准入标志制度 要求企业对合格产品,加贴 QS(质量安全)标志,对产品质量安全做出承诺。

三、姬菇规范化栽培基础知识与条件

(一)掌握姬菇生物学特性及理化条件

1. 分类地位

姬菇又名小姬菇,为商品名,不是分类学上的名称。用于生产姬菇产品的菌株,主要为侧耳属中的黄白侧耳(*pleurotus cornucopiae*),紫孢侧耳(*pleurotus sapidus*),糙皮侧耳(*pleurotus ostreatus*)等。在分类学上,姬菇隶属于担子菌门(*Basidiomycota*)、层菌纲(*Hymenomycetes*)、伞菌目(*Agaricales*)、侧耳科(*pleurotaceae*)、侧耳属(*pleurotus*),是平菇家族中的一个品味兼优的新菇种。

2. 形态特征

姬菇子实体丛生或叠生,裸果型,是姬菇的繁殖器官。它包括菌盖、菌柄和菌褶3部分。子实体发生数量多,一丛可达几十个甚至100多个。菌盖幼时为圆贝壳状,其色泽因品种和管理不同,区别为灰黑色、棕褐色或洁白色;长大后为扇形,直径可达5～10厘米。菌柄侧生,白色,内实,长4～6厘米,直径0.5～2厘米,上下等粗或上粗下细。菌肉白色,稍厚,较柔韧,成熟后变柔软。菌褶白色延生,较密,长短不等。孢子印白色或淡紫色。

目前市场出售的与姬菇形态近似的秀珍菇和与姬菇名称

相仿的真姬菇，这 3 种菇混在一起，一般人辨认不清。其实这 3 种菇的形态是有明显差异的(见图 3-1)。

1. 姬菇　　　　2. 秀珍菇　　　　3. 真姬菇

图 3-1　3 种不同形态菇体

秀珍菇[*Pleurotus pulmonarius*(Fr.) Quel]，又名袖珍菇、环柄侧耳，在分类学上与姬菇同科、属，都是平菇近缘种，在形态上有所差别。秀珍菇菌盖初期为圆形或椭圆形，伸展后呈心形、扇形或肾形；菌盖色泽与气温高低和菌株特性有关，有灰白色、浅灰色、灰黑色、棕色或灰黄色；菌柄多为侧生，少数近中生，细长，单生或丛生。

真姬菇[*Hypsizigus marmoreus*(Peck) Bigelow]，又称玉蕈、蟹味菇、海鲜菇，我国台湾省称鸿喜菇等。隶属白蘑科、离褶菌族、玉蕈属，与姬菇和秀珍菇差异较大。菌盖扁平球形，后展平，沿边向里翻卷，表面光滑，白色至黄色，中部褐色，具有斑纹，菌柄圆形，粗长。形态上与姬菇、秀珍菇有明显差别，只是名称上相近，易与姬菇混淆。

3. 生活史

姬菇属于双因子控制四极性异宗结合的食用菌。其生活史是从担孢子开始，由担孢子萌发形成单核菌丝，再由不同性可交配的单核菌丝,融合成为双核菌丝;进而由成熟的双核菌丝组结形成子实体,最后由子实体再产生出新的担孢子的整个发育过程。子实体的分化发育可分为原基期、桑葚期、珊瑚期、成形期和成熟期等 5 个主要阶段。由于姬菇产品是以采收盖小柄长的幼小子实体为主要目的,所以进入成形期后要及时采收。

4. 生长条件

(1)营养 姬菇是一种木腐菌,分解木质素和纤维素的能力很强,在生长过程中所需的营养成分主要有碳源、氮源、矿质元素和维生素。碳源和氮源是其主要营养,生产中常用棉籽壳、稻草、麦秸、玉米芯、木屑和甘蔗渣等作为碳素营养来源;而以麦麸、米糠、豆饼和玉米粉等作为氮素营养的来源;通过添加石膏、石灰可提供其所需的矿质元素;对维生素的需求量少,天然有机培养料中的含量已可满足其需要,一般不用额外添加。

(2)温度 姬菇是一种中低温型菌类,利用自然气温栽培,一般在秋、冬、春季出菇。菌丝的生长温度范围为 4℃~35℃,最适温度为 24℃~26℃,低于 10℃或高于 33℃,菌丝生长很慢;超过 40℃不能生存;低于 4℃则不再生长,但不会死亡。子实体原基形成和分化的温度范围为 5℃~22℃,最适出菇温度为 10℃~18℃,气温低于 8℃时,菌盖易形成瘤状物;高于 25℃时,子实体易畸形,原基和幼菇易死亡。

(3)水分与湿度 姬菇菌丝生长阶段培养料的含水量以 60%~65%为宜。培养料中含水量低于 50%或高于 70%时,菌丝生长速度都会变慢。菌丝生长阶段,空气相对湿度应保持在 70%左右;子实体生长发育阶段,要求环境中的空气相对湿度为 85%～95%。空气相对湿度低于 75%时,子实体发育变缓,严重时会干枯死亡;若空气相对湿度长期高于 95%,易引发细菌性病害,菌盖、菌蕾易变色,甚至腐烂。

(4)空气 姬菇是好气性真菌,生长需要氧气。在菌丝生长阶段对氧气的需求量相对较少,但在通气性较好的培养料和菌袋内,菌丝长速明显加快,当菌袋封闭太严时,菌丝生长缓慢甚至逐渐停止生长。在子实体生长阶段,需要通气良好,氧气充足。在缺氧或二氧化碳浓度过大时,不能形成子实体,已形成的子实体也会畸变或死亡。相对而言,姬菇子实体耐受二氧化碳,进入成形期后,要适当地减少通气量,适度增加二氧化碳浓度,才能培育成柄长、盖小的优质产品。

(5)光线 菌丝生长阶段不需要光照,在黑暗的环境条件下菌丝正常生长,阳光对菌丝生长有抑制作用;但子实体的形成与发育需要光照,光线过暗时不易形成原基,已形成的子实体也会长成菌柄细长、缺少菌盖或完全为珊瑚状的畸形菇。此外,子实体具有趋光性,长时间受到单侧光照射易产生向光弯曲,因此,均匀的散射光或变换相反方向的光照刺激是子实体正常发育所必需的。

(6)酸碱度 姬菇喜中偏酸性的环境,菌丝在 pH 值 5～9 之间能生长繁殖,但最适 pH 值为 6.0～6.5。由于生长过程中菌丝会代谢产生有机酸类物质,高温灭菌也会降低培养料的 pH 值,同时为了减少喜酸性杂菌的污染,在配制培养料时,pH 值以偏碱为宜。一般通过添加石灰,使 pH 值达到 7.5～8.5。

（二）规范化栽培产地生态环境

1. 产地安全重要性

近年来各地随着工业"三废"大量排放和农业使用化肥、农药、添加剂等的增多，给生态环境带来污染，这也会对姬菇生产造成不利影响。如果栽培场地靠近城市和工矿区，其土壤中重金属含量较高，地表水可能被重金属（镉、砷、汞、铅等）以及农药、硝酸盐污染，这些污染物也会被姬菇富集和吸收，这不仅危害姬菇子实体的正常生长发育，降低产量；更严重的是降低品质。此外，环境空气污染，如栽培场地的空气中有毒有害气体和空气悬浮物（二氧化硫、氧化氮、氯气、二氧化碳、粉尘和飘灰等）都会使姬菇产品卫生指标超标，甚至造成有毒有害物质的残留。因此，要实现姬菇无公害生产，产地要避开污染源，这是实现无公害生产的第一步。

2. 产地生态安全条件

姬菇无公害栽培场地的生态环境，应按 FB/T 184071—2001《农产品安全质量　无公害蔬菜产地环境要求》的条件，或者符合 农业部农业行业标准 NY 5358—2007《无公害食品 食用菌产地环境条件》的要求：在 5 千米以内无工矿企业污染源；3 千米之内无生活垃圾堆放和填埋场、工业固体废弃物和危险废弃物堆放和填埋物等。重点检测土壤、水源水质和空气这 3 方面的质量。

（1）土壤质量标准　无公害姬菇栽培产地土壤质量要求见表 3-1。

表 3-1　生产用土中各种污染物的指标要求

序　号	项　目	指标值(毫克/千克)
1	镉(以 Cd 计)	≤0.40
2	总汞(以 Hg 计)	≤0.35
3	总砷(以 As 计)	≤25
4	铅(以 Pb 计)	≤50

(2) 水源水质标准　无公害姬菇栽培水源水质指标见表 3-2。

表 3-2　生产用水中各种污染物的指标要求

序　号	项　目	指标值
1	混浊度	≤3 度
2	臭和味	不得有异臭、异味
3	总砷(以 As 计)(毫克/千克)	≤0.05
4	总汞(以 Hg 计)(毫克/千克)	≤0.001
5	镉(以 Cd 计)(毫克/千克)	≤0.01
6	铅(以 Pb 计)(毫克/千克)	≤0.05

(3) 空气质量标准　产地空间要求大气无污染,空气质量指标要求见表 3-3。

表 3-3　环境空气质量标准

项　目	指　标	
	日平均	1 小时平均
总悬浮颗粒物(TSP)(标准状态)(毫克/米^3)	0.30	—
二氧化硫(SO$_2$)(标准状态)(毫克/米^3)	1.5	0.50
氮氧化物(NO$_x$)(标准状态)(毫克/米^3)	0.10	0.15
氟化物(F)(微克/米^3)	5.0	—
铅(标准状态)(微克/米^3)	1.5	—

（三）栽培房（菇棚）条件

姬菇的生长过程可分为两个阶段：前期是营养生长阶段，即菌丝发育培养阶段；后期是生殖生长阶段，即子实体形成发育阶段。通常前期是在培养室内发菌培养，后期搬进野外大棚内长菇，北方多采用发菌与长菇均在日光温室的"一棚制"，但不易控制温度，往往发菌时间比农家民房发菌时间长。由于姬菇发菌培养与长菇的不同时段对生态条件的要求不一，因此对菇棚要求也有差别，要特别注意。

1. 菌袋培养室要求

专业化、工厂化生产的企业，应专门建造菌袋培养室。普通农户可将民房改造成培养室。标准培养室必须达到以下五个要求。

(1)远离污染区 远离食品酿造工业、畜禽舍、医院和居民区。

(2)结构合理 坐北朝南，地势稍高，环境清洁；室内宽敞，一般 32～36 平方米面积为宜，墙壁刷白灰；门窗对向，安装防虫网；设置排气口，安装排气扇。

(3)生态适宜 室内卫生、干燥、防潮，空气相对湿度低于70%；遮阳避光，温度控制在 23℃～28℃，空气新鲜。

(4)无害消毒 选用无公害的次氯酸钙药剂消毒，其接触空气后迅速分解或产生对环境、人体及菌丝生产无害的物质，又能消灭病原微生物。

(5)物理杀菌 安装紫外线灯照射或电子臭氧灭菌器等物理消毒，取代化学药物杀菌。

2. 菇房(棚)要求

姬菇常用塑料大棚作为出菇场所,标准化塑料大棚要求如下。

(1)结构合理 塑料大棚有连幢式、单幢式等。大小以30～40米,跨度6～8米,顶高1.8～2.2米为宜,棚边开好通风口,棚外配套草苫遮阳。

(2)场地优化 选择背风向阳,地势高燥,排灌方便,水源、电源充足,交通便利,周围无垃圾等杂乱废物。

(3)土壤改良 菇棚内的场地采取深翻晒白后,灌水、排干、整畦。采用石灰粉或喷茶籽饼、烟茎等水溶液,取代化学农药进行消毒杀虫。

(4)水源洁净 水源要求无污染,水质清洁,最好采用泉水、井水和溪河流畅的清水;而池塘水、积沟水不宜取用。

(5)茬口轮作 不是固定性的菇棚应采取一年种农作物、一年栽姬菇,稻菇合理轮作,隔断中间传播寄主,减少病虫原积累,避免重茬加重病虫害。

(四)栽培原辅材料选择

1. 栽培原料选择

主要以含木质素和纤维素的农林业下脚料,如棉籽壳、杂木屑、玉米芯、甘蔗渣等秸秆、籽壳为主;并辅以农业副产品麦麸或米糠等。

对于无公害栽培原料的要求,我国已发布实施NY 5099—2002《无公害食品—食用菌栽培基质安全技术要求》的农业行业标准,姬菇栽培应按照这个标准执行。主要原料木屑采用除桉、樟、槐、苦楝等含有害物质树种的阔叶树木屑;自然堆积 6 个月以上的针树种的木屑。棉籽壳又叫棉籽皮,为榨油厂的下脚料,是栽培姬菇的主要原料。据华中农业大学测定,棉籽壳含氮 0.5%、磷 0.66%、钾 1.2%、纤维素 37%～48%,木质素 29%～42%,尤其是棉籽壳的粗蛋白质含量达 17.6%。

由于棉花生产中使用农药较多,加上棉籽壳中又含有棉酚,因此用棉籽壳作为栽培基质生产姬菇,其子实体食用的安全性,包括农药残留和棉酚的含量,一向为人们所关心。卢青达等对棉籽壳栽培的食用菌进行农药残留和棉酚分析,结果表明未处理的棉籽壳中含棉酚 230 毫克/千克,经过灭菌后棉籽壳中含棉酚 53 毫克/千克。用棉籽壳栽培长出的子实体中棉酚含量为 49 毫克/千克,符合联合国粮农组织(FAO)所规定的卫生标准低于 50 毫克/千克,认定为无公害。

2. 辅助原料质量

辅助原料又称辅料,是指能补充培养料中的氮源、无机盐和生长因子,及在培养料中添加量较少的营养物质等。辅料除能补充营养外,还可改善培养料的理化性状。常用补充营养的辅料是天然有机物质,如麦麸、米糠、玉米粉等,主要用于补充主料中的有机氮、水溶性碳水化合物以及其他营养成分的不足。

3. 化学添加剂限量

姬菇培养料配方中常采用石膏粉、碳酸钙,以及过磷酸钙、尿素等化学物质。有的以改善培养料化学性状为主,有的是用于调节培养料的酸碱度。姬菇栽培基质常用化学添加剂见表 3-4。

表 3-4　食用菌栽培基质常用化学添加剂

添加剂名称	使用方法与用量
尿　素	补充氮源营养,0.1%～0.2%,均匀拌入栽培基质中
硫酸铵	补充氮源营养,0.1%～0.2%,均匀拌入栽培基质中
碳酸氢铵	补充氮源营养,0.2%～0.5%,均匀拌入栽培基质中
氰氨化钙(石灰氮)	补充氮源和钙素,0.2%～0.5%,均匀拌入栽培基质中
磷酸二氢钾	补充磷和钾,0.05%～0.2%,均匀拌入栽培基质中
磷酸氢二钾	补充磷和钾,0.05%～0.2%,均匀拌入栽培基质中
石　灰	补充钙素,并有抑菌作用,1%～5%,均匀拌入栽培基质中
石　膏	补充钙和硫,1%～2%,均匀拌入栽培基质中
碳酸钙	补充钙,0.5%～1%,均匀拌入栽培基质中

4. 质量严格把关

一是采集质量关。原材料采集时要求新鲜、无霉烂变质。二是人库灭害关:原料进仓前经烈日暴晒,杀灭病原菌和害虫、虫蛹蛆。三是贮存防潮关。仓库要求干燥、通风、防雨淋、防潮湿。四是堆料发酵关。原料使用时,提前堆料发酵,杀灭潜伏杂菌与虫害。堆料选用无公害洁霉精溶液,禁用甲胺磷等高毒、高残留农药拌料。

5. 塑料栽培袋规格质量

栽培袋为塑料薄膜筒料,要求符合国家标准 GB 9687—1998《食品包装用聚乙烯成型品卫生标准》。栽培袋的原料应选用高密度低压聚乙烯(HDPE)薄膜加工制成的筒料或成型袋,这是常压灭菌条件下袋栽姬菇常用的一种理想薄膜袋。聚丙烯袋(PP)虽耐高压、透明度好,但质地硬脆,不易与料紧贴,且遇温冷易破裂,因此不宜选用。

姬菇栽培袋规格各地略有差别。一般常用成型袋,其规格(袋折径宽×长)15 厘米×38 厘米,每千克 230 个袋;或 17 厘米×35 厘米,每千克 220 个袋。每袋装干料量 500～600 克。优质栽培袋要求达到四条标准:一是薄膜厚薄均匀,袋径扁宽大小一致;二是料面密度强,肉眼观察无砂眼,无针孔,无凹凸不平;三是抗张力强度好,耐拉扯;四是耐高温,装料后经常压 100℃灭菌,保持 16～24 小时,不膨胀、不破裂、不熔化。

(五)生产配套机械设备

姬菇生产机械设备,应掌握好经济和实用及产品质量稳定性。

1. 原料切碎机

利用树木、果、桑枝桠或棉柴、玉米芯做原料的地区,必须购置原料切碎机。这是一种木材切片与粉碎合成一体的新型机械。生产能力每小时 800～1 800 千克/台,配用 15～22 千瓦电动机。适用于枝条、农作物秸秆等原料的加工。

2. 培养料搅拌机

建议选用新型自走式培养料搅拌机。该机由开堆、搅拌器、惯性轮、走轮、变速箱组成,配用 2.2 千瓦电机及漏电保护器,生产效率 5 000 千克/小时。规格 100 厘米×90 厘米×90

厘米(长×宽×高),占地面积仅 2 平方米,具有体积小、产量高、实用性强的特点。

3.装袋机

具有一定规模的生产基地或乡村,可选用自动化装袋机,生产效率 1 500 袋/小时,配电源 380 伏,自动化程度比较高,且装料均匀,质量较理想,适于企业化大规模生产装袋。一般菇农可购置多功能装袋机,配用 1.5 千瓦电动机,普通照明电压,生产能力每小时 800 袋/台,配用多套口径不同的出料筒,可装不同折幅的栽培袋。

4.脱水烘干机

现有烘干机有电脑控制燃油烘干机,每次可加工鲜耳500 千克,售价较高,每台需 3 万元以上。目前,较为理想的是 LOW-260 型脱水机,其结构简单,配有三相(380伏)、单相(220 伏)电源用户自选。燃料用柴薪、煤均可。鲜菇进房一般 10～14 小时干燥,2 个干燥箱的台/次可加工鲜菇250～300 千克。见图 3-2。

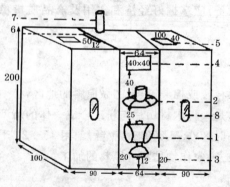

图 3-2 LOW-260 型脱水机 (单位:厘米)

1.热交换 2.排气扇 3.热风闸 4.进风口
5.热风口 6.回风口 7.烟囱 8.观察口

（六）培养基灭菌设施

1. 钢板平底锅灭菌灶

生产规模大的单位可采用砖砌灶,其体长 280～350 厘米,宽 250～270 厘米,灶台炉膛和清灰口可各 1 个或 2 个。灶上配备 0.4 厘米钢板焊成的平底锅,锅上安装垫木条,料袋重叠在离锅底 20 厘米的垫木上。叠袋后罩上薄膜和篷布,用绳捆牢,1 次可灭菌料袋 6 000～10 000 袋。见图 3-3。

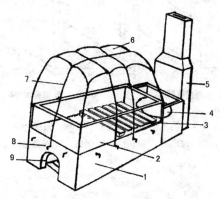

图 3-3　钢板平底锅罩膜常压灭菌灶

1. 灶台　2. 平底钢板锅　3. 叠袋板木　4. 加水锅　5. 烟囱
6. 罩膜　7. 扎绳　8. 铁钩　9. 炉膛

2. 蒸汽炉简易灭菌灶

有条件的单位可采用铁皮焊制成料袋灭菌仓,配锅炉或蒸汽炉产生蒸汽,输入仓内灭菌。一般栽培户可采用蒸汽炉和框架罩膜组成的节能灭菌灶,也可以利用汽油桶加工制成蒸汽炉灭菌灶。每次可灭菌料袋 3 000～4 000 袋,量少则1 000 袋也可。蒸汽炉简易灭菌灶见图 3-4。

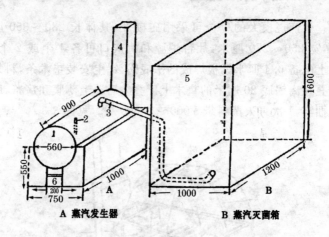

图 3-4 蒸汽炉简易灭菌灶 (单位:毫米)

1. 油桶 2. 加水口 3. 蒸汽管 4. 烟囱 5. 灭菌箱 6. 火门

四、姬菇菌种规范化生产工艺

（一）菌种生产必备资质条件

国家农业部颁布的《食用菌菌种管理办法》（2006年6月1日起实施）明确规定：食用菌种生产实行市场准入制度，并对菌种生产提出了切实可行的详细的资质要求。主要包括技术资质的审核、注册资本登记、资金、技术条件等。

从事食用菌制种专业，应向所在地、县级农业（食用菌）行政主管部门申请《食用菌菌种生产经营许可证》，具体要求条件如下。

1. 注册资本

申请菌种生产许可证，要求注册资本证明材料：母种100万元以上，原种50万元以上，栽培种50万元以上。

2. 专业技术人员

申请母种和原种生产单位，必须有经省农业厅考核合格的菌种检验人员1名、生产技术人员2名以上的资格证明。申请生产栽培种的单位或个人，必须有检验人员和生产技术人员各1名。

3. 生产设施

仪器设备和生产设施清单及产权证明，主要仪器设备的照片包括菌种生产所需相应的灭菌、接种、培养、贮存、出菇试验等设备及相应的质量检验仪器与设施。

4. 经营场所

菌种生产经营场所照片及产权证明。其环境卫生及其他条件,都应符合农业部 NY/T 528-2002《食用菌菌种生产技术规程》要求。

5. 种性介绍

品种特性介绍,包括生物特性、经济性状、农艺性状。

6. 保质制度

菌种生产经营质量保证制度。申请母种生产经营许可证的品种为授权品种,具有授权品种所有权人(品种选育人)授权书面证明。

(二)菌种生产基础知识

1. 繁殖原理

姬菇繁殖分为有性繁殖和无性繁殖两种。人工分离母种是根据子实体成熟时,能够弹射担孢子的特性,使子实体上的许多担孢子着落在培养基上,以出芽的方式萌发形成菌丝,即为菌种。这种自然繁殖方式,通过人为分离的方法,称为有性分离或有性繁殖。而从子实体或耳木中分离出菌丝体,移接在培养基上,使其恢复到菌丝发育阶段,变成没有组织化的菌丝来获得母种,称为无性繁殖。用这种分离获得母种,既方便,又较有把握,其子实体和菌丝体都是近缘有性世代,遗传基因比较稳定,抗逆力强,母系的优良品质基本上可以继承下来。

2. 生长条件

营养是姬菇菌种生命活动的物质基础,氢、氧、氮、碳、钙、磷、铁、钾、镁、硫等元素,以有机和无机化合物,构成菌丝体生长发育所需之能源和营养源。在人工分离培育菌种时,施入适量的蔗糖、麦麸、淀粉、蛋白胨、磷酸盐、硫酸镁等营养成分,以满足其生长发育的需要。

菌种生长条件除了营养之外,还必须根据姬菇生理和生态条件的要求,满足其所需要的温度、湿度、空气、光照、pH值等。人为创造适合菌种生长的环境条件,有利提高菌种成品率和质量。

3. 菌种分级

姬菇菌种可分为一级种、二级种和三级种。

一级种称为母种,通常是从子实体或基内分离选育出来的,称为一级菌种。它一般是接种在试管内的琼脂斜面培养基或玻璃瓶木屑培养基上培养出来的。母种数量很少,还不能用于大量接种和栽培,只能用作繁殖和保藏。

二级种称为原种,把母种移接到菌种瓶内的木屑、麦麸等培养基上,所培育出来的菌丝体称为原种。原种是母种经过第二次扩大,所以又叫二级菌种。原种虽然可以用来栽培产出子实体,但因为数量少,用作栽培成本高,所以一般不用于生产栽培,因此,必须再扩大成许多栽培种。姬菇试管母种,通常1支可以接4～5瓶原种。

三级种称为栽培种,又叫生产种。即把原种再次扩接到同样的木屑培养基上,培育得到的菌丝体,作为姬菇栽培用的菌种。栽培种经过了第三次扩大,所以又叫三级菌种。每瓶原种可扩接成栽培种 40～50 瓶(袋)。

4. 菌种形成程序

经过上述三级培育姬菇菌丝体的数量大为增加。每支试管的斜面母种,一般可繁殖成 4～6 瓶原种,每瓶原种又可扩大繁殖成 40～50 瓶(袋)栽培种。在菌种数量扩大的同时,菌丝体也从初生菌丝发育到次生菌丝,菌丝也越来越粗壮,分解物质的能力越来越强。姬菇三级菌种的形成及生产工艺流程如图 4-1 所示。

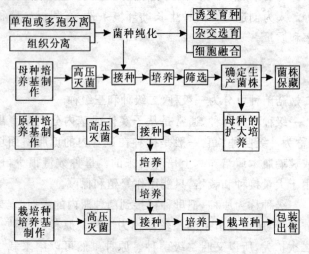

图 4-1 姬菇菌种形成程序及生产工艺流程

(三)菌种生产基本设施

1. 菌种厂布局

(1)远离污染 菌种厂必须远离禽舍、畜厩、仓库、生活区、垃圾场、粪便场、厕所、扬尘量大的工厂(水泥厂、砖瓦厂、石灰厂、木材加工厂)等,菌种厂与污染源的最小距离为300米。菌种场应坐落在地势稍高,四周空旷,无杂草丛生,通风好,空气清新之处。

(2)严格分区 按照微生物传播规律,严格划分为有菌区和无菌区。两区之间拉大距离。原料、晒场、配料、装料等带菌场所,应位于风向下游西北面;冷却、接种、培养等无菌场所,应为风向上游东南面。办公、出菇、试验、检测、生活等场地,应设在风向下游。

(3)流程顺畅 菌种厂布局应结合地形、方位、科学设计,结构合理。按生产工艺流程,形成流水作业,走向顺畅,防止交错、混乱。规范化菌种厂布局见图4-2。

(4)装修达标 各作业间在内部装修上要求水泥抹地,磨光,便于冲洗;内墙壁接地四周要砌成半圆形。墙壁刷白灰。冷却室,接种室的四周墙壁及天花板需刷油漆,防潮。冷却室需安装空气过滤器,并配备除湿和强冷设备。接种室内要求严密、光滑、清洁,室门应采用推拉门。

2. 灭菌设备

主要有高压蒸汽灭菌锅。见图4-3。

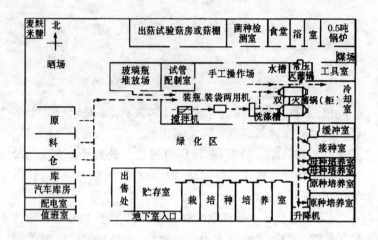

图 4-2　规范化菌种厂平面布局示意图

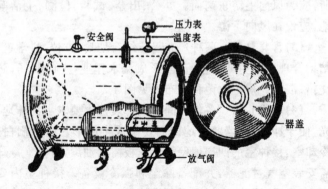

图 4-3　高压蒸汽灭菌锅

3. 接种设施

接种室又称无菌室,是进行菌种分离和接种的专用房间。

其结构分为内外两间,外间为缓冲室,面积约 2 平方米,高约 2.5 米。接种室内安装紫外线杀菌灯(波长 265 埃,30 瓦)及日光灯各 1 盏。无菌设备还有接种箱,母种和原种接种常在接种箱内进行。有条件的单位可购置超净工作台。接种必备接种室、接种箱或超净操作台。

姬菇接种分为两个生产环节:一是菌种扩繁接种,二是栽培袋接种。接种关系到菌种和菌袋的成品率,直接影响姬菇生产的效益。

(1)接种箱 又名无菌箱,主要用于菌种分离和菌种扩大移接,无菌操作。箱体采用木材框架,四周木板,正面镶玻璃,具有密封性,便于药物灭菌,防止接种时杂菌侵入。接种箱的正面开两个圆形洞口,装上布袖套,便于双手伸入箱内进行操作。箱顶安装 1 盏紫外线灭菌灯,箱内可用气雾消毒盒或福尔马林和高锰酸钾混合熏蒸消毒。接种箱结构如图 4-4。

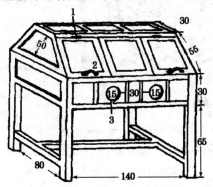

图 4-4　接种箱结构 (单位:厘米)
1. 活叶　2. 把手　3. 操作孔

(2)无菌室 又称接种室,是分离菌种和接种专用的无菌操作室。无菌室求要密闭,空气静止;经常消毒,保持无菌状态。室内设有接种超净操作台、接种箱,备有解剖刀、接菌铲、接菌针、长柄镊子、酒精灯、无菌水和紫外线杀菌灯等用具。房间不宜过大,一般长4米、宽3米、高2.5米。若过大消毒困难,不易保持无菌条件。墙壁四周用石灰粉刷,地面要平整光滑,门窗关闭后能与外界隔离。室内必须准备4~5层排放菌种的架子,安装1~2盏紫外线灭菌灯(2 573埃,功率30瓦)和1盏照明日光灯。接种室外面设有一间缓冲间,面积为2平方米,同时安装有1盏紫外线灭菌灯和更衣架。无菌室如图4-5。

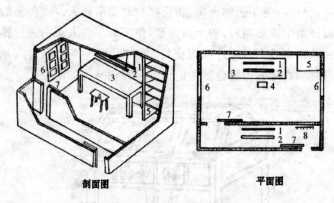

剖面图   平面图

图 4-5　无菌室布局
1. 紫外线灯　2. 日光灯　3. 工作台　4. 凳子
5. 瓶架　6. 窗　7. 拉门　8. 衣帽钩

(3) 超净工作台　又称净化操作台,主要用于接种,是一种局部流层装置(平行流或垂直流),能在局部形成高洁净度的环境。它利用过滤的原理灭菌,将空气经过装置在超净工作台内的预过滤器及高效过滤器除尘,洁净后再以层流状态通过操作区,加之上部狭缝中喷送出的高速气流所形成的空气幕,保护操作区不受外界空气的影响,使操作区呈无菌状态。净化台要求装置在清洁的房间内,并安装紫外线灯。操作方法简单,只要接通电源,按下通风键钮,同时开启紫外线灯约 30 分钟即可。接种时,把紫外线灯关掉。超净工作台见图 4-6。

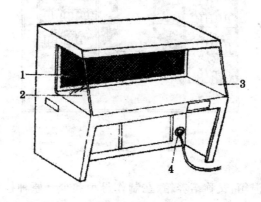

图 4-6　超净工作台

1. 高效过滤器　2. 工作台面　3. 侧玻璃　4. 电源

4. 菌种培养设施

恒温培养室是培育原种和栽培种的房间,其结构和设置要求大小适中,以能培养 5 000～6 000 瓶菌种为宜。培养室内设 7～8 层的培养架,架宽 60～100 厘米,层距 33～40 厘米,顶层离房屋顶板不低于 75 厘米,底层离地面不低于20～25 厘米,长与高按培养室大小设计。培养室需配备控温设备,主要有用于加温的暖风机、电暖气和用于降温的空调等,以满足菌种生长对温度的需要。恒温培养室见图 4-7。

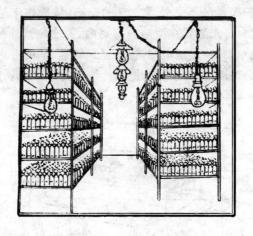

图 4-7　恒温培养室

　　恒温箱,又称培养箱,在制作母种和少量原种接种后,一般采用电热恒温箱培养。其结构严密,可根据菌种性状要求的温度,恒定在一定范围内进行培养,专业性菌种厂(场)必备此种设施。恒温箱也可以自行取料制造。箱体四周采用木板隔层,内用木屑或塑料泡沫作保温层。箱内上方装塑料乙醚膨片,能自动调节温度;箱内两侧各钉 2 根木条,供搁托盘用。箱顶板中间钻孔安装套有橡皮圈的温度计。旋扣和刻度盘安装在箱外。箱底两侧安装 1 个或几个 100 瓦的电灯泡作为加热器。门上装 1 块小玻璃供观察用。恒温器电器商店有售。自制恒温箱见图 4-8。

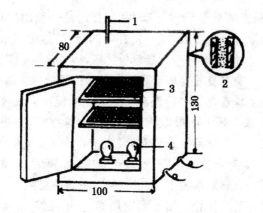

图 4-8　自制恒温箱 （单位:厘米）
1.温度计　2.木屑填充　3.架网　4.灯泡

5.检测仪器

(1)照度计　照度计是测定耳房或耳棚内光线强度的仪器。目前常用的是北京师大光电仪器厂生产的 ST-11 型照度计。它的感光部分系将硅光电池装于一个胶木盒内,用导线与一灵敏电流表相连。当光电池放在欲测位置时,它即按该处光线强度产生相应电流,从电流表指针所指刻度就可以读出照度数值。照度表单位为勒克斯。

(2)氧与二氧化碳测定仪　这是测量耳房及菌丝中氧气与二氧化碳的仪器。上海产的学联牌 SYES-Ⅱ型氧、二氧化碳气体测定仪。此仪器低功耗,便携带,采用发光二极管数字显示,读数直观、清晰,能快速测定出混合气体中氧气、二氧化碳的百分比含量。具体使用方法见仪器说明书。

(3)pH 值试纸　pH 试纸是用来测定配制培养料的酸碱

度。有精密试纸与广谱试纸两种,食用菌一般用广谱试纸。测试时,取试纸一小段,抓一把拌匀的培养料,将试纸插入料中紧握 10 秒钟,取出与标准色板比较,即可读得 pH 值。

(4)生物显微镜 用于观察菌丝和孢子的形态结构。

(5)干湿温度表 用于测定空气相对湿度。该仪器是在 1 块小木板上装有两根形状一样的酒精温度表,左边一根为干表,右边一根球部扎有纱布,经常泡在水盂中,为湿表。中间滚筒上装有湿度对照表,观察空气相对湿度时,将此表挂在室内空气流通处,水盂中注入凉开水,将纱布浸湿。

(6)玻璃温度计 用于测定培养室、干燥箱、冰箱以及姬菇栽培棚的温度。

6. 常用器具

(1)制作用具 菌种制作常用以下几种器具。

①三角烧瓶及烧杯 用于制备培养基,三角烧瓶规格为 200 毫升、300 毫升、500 毫升 3 种;烧杯常用 200 毫升、500 毫升、1 000 毫升 3 种。

②量杯或量筒 在配制培养基时,用于计量液体的体积,常用规格为 200 毫升、500 毫升、1 000 毫升 3 种。

③漏斗及加温漏斗 用于过滤或分装培养基,通常以口径 300 毫米左右的玻璃漏斗为好。

④铝锅或不锈钢锅(铁锅不适用)及电炉 用于加热溶解琼脂,调制琼脂培养基。

⑤铁丝试管笼 用于盛装玻璃试管培养基,进行灭菌消毒等。一般为铁丝制成的篮子,直径为 22 厘米,高 20 厘米。也可用竹篮代替。

⑥标准天平 用于称量各种试验样品和培养料。

⑦酒精灯　用于接种操作时灭菌消毒。

⑧吸管　用于吸取孢子液的玻璃管,上有刻度。常用规格有 0.5 毫升、1 毫升、5 毫升和 10 毫升 4 种。

⑨其他　解剖刀、镊子、剪刀、止水夹、胶布、专用玻璃蜡笔、记录本等,也是菌种生产所必备的。

(2)接种工具　应选用不锈钢制品,分别有接种铲、接种刀、接种耙、接种环、接种钩、接种匙、弹簧接种器、镊子等(见图 4-9)。

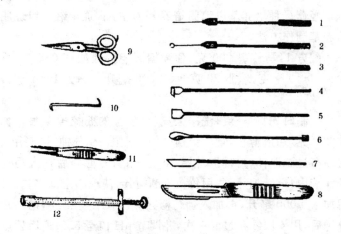

图 4-9　接种工具

1. 接种针　2. 接种环　3. 接种钩　4. 接种锄　5. 接种铲　6. 接种匙

7,8. 接种刀　9. 剪刀　10. 钢钩　11. 镊子　12. 弹簧接种器

(3)育种器材

①空调机　选用冷暖式空调机,用于调控菌种室温度。

②试管　用于制备斜面培养基,分离培养菌种,常用规格为 15 毫米×150 毫米,18 毫米×180 毫米,20 毫米×200 毫米。

③培养皿 用于制备平板培养基,分离培养菌种,系玻璃制品,有盖。

④菌种瓶 用于培养原种和栽培种,常用玻璃菌种瓶。

(四)母种制作技术

1. 母种培养基配制

姬菇母种培养基以琼脂培养基为主,下面介绍 3 组琼脂培养基制作方法。

配方 1:马铃薯 200 克,葡萄糖 20 克,硫酸镁 0.5 克,维生素 B_1 10 毫克,琼脂 20 克,水 1 000 毫升。称为 PDA 加富培养基。

配制时先将马铃薯洗净去皮(已发芽的要挖掉芽眼),称取 250 克,切成薄片,置于铝锅中加水煮沸 30 分钟,捞起用 4 层纱布过滤取汁;再称取琼脂 20 克,用剪刀剪碎后加入马铃薯汁液内,继续加热,并用竹筷不断搅拌,使琼脂全部溶化;然后加水 1 000 毫升,再加入葡萄糖、硫酸镁、维生素 B_1,稍煮几分钟后,用 4 层纱布过滤 1 次,并调节 pH 值至 5.6;最后趁热分装入试管内,装量为试管长的 1/5,管口塞上棉塞,立放于试管架上。分装时,应注意不要使培养基沾在试管口和管壁上,以免发生杂菌感染。

配方 2:马铃薯 200 克,蔗糖 20 克,磷酸二氢钾 3 克,琼脂 20 克,水 1 000 毫升。称为 PSA 培养基。

制作方法与配方 1 相似,只是在加入葡萄糖时,同时加入磷酸二氢钾,煮 20 分钟后过滤取汁,趁热装入试管中,塞好棉塞,直立放于试管架上。

配方 3：玉米粉 60 克，葡萄糖 10 克，琼脂 20 克，水 1 000 毫升。称为 CMA 培养基。

配制时先把玉米粉调成糊状，再加入 1 000 毫升水，搅拌均匀后，文火煮沸 20 分钟，用纱布过滤取汁，再加入琼脂、葡萄糖等，全部溶化后，调节 pH 值至 5.6，然后分装入试管内，塞好管口棉塞。

琼脂斜面培养基制作工艺流程如图 4-10。

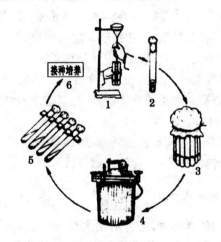

图 4-10　琼脂斜面培养基制作流程
1.分装试管　2.塞棉塞　3.打捆
4.灭菌　5.排成斜面　6.接种培养

2. 标准种菇选择

作为姬菇母种分离的种菇，可从野生和人工栽培的群体中采集。各地科研部门对姬菇菌种的驯化已取得成功，许多菌株已通过人工大面积栽培，成为定型的速生高产菌株。现有姬菇大部分是从人工栽培中选择种菇。标准的种菇应具备以下条件。

(1)种性稳定 经大面积栽培证明,普遍获得高产、优质,且尚未发现种性变异或偶变现象的菌株。

(2)生活力强 菌丝生长旺盛,出菇快,长势好;菇柄大小长短适中,七八成熟,未开伞;基质子实体无病害发生。

(3)确定季节 标准种菇以春、秋季产的菇体为好。

(4)成熟程度 通常以子实体伸展正常,略有弹性时采集。此时若在种菇的底部铺上一张塑料薄膜,1天后用手抚摸,有滑腻的感觉,这就是已弹射的担孢子。

(5)必要考验 采集室内栽培的子实体,还必须在群体中将被选的菌袋移至环境适宜的野外,让其适应自然环境,考验1~2天后取回。

(6)入选编号 确定被选的种菇,适时采集1~2朵,编上号码,作为分离的种菇,并标记原菌株代号。

3. 孢子分离法

姬菇子实体成熟时,会弹射出大量孢子。孢子萌发成菌丝后培育成母种。孢子的采集和培育具体操作规程如下。

(1)分离前消毒 采集的种菇表面可能带有杂菌,可用75%酒精棉球擦拭2~3遍,然后再用无菌水冲洗数次,用无菌纱布吸干表面水分。分离前还要对器皿消毒。把烧杯、玻璃罩、培养皿、剪刀、不锈钢钩、接种针、镊子、无菌水、纱布等,一起置于高压灭菌器内灭菌。然后连同酒精灯和75%酒精或0.1%升汞溶液,以及装有经过灭菌的琼脂培养基的三角瓶、试管、种菇等,放入接种箱或接种室内进行1次消毒。

(2)孢子采集 具体可分为整朵插种菇、三角瓶钩悬和试管琼脂培养基贴附种菇等方法。操作时要求在无菌条件下进行。

①整菇插种法　在接种箱中,将经消毒处理的整朵种菇插入无菌孢子收集器里,再将孢子收集器置于适温下,让其自然弹射孢子。

②三角瓶钩悬法　将消毒过的种菇,用剪刀剪取拇指大小的菇盖,挂在钢钩上,迅速移入装有培养基的三角瓶内。菇盖距离培养基2～3厘米,不可接触到瓶壁,随手把棉塞塞入瓶口。为了便于筛选,一次可以多挂几个瓶子。

③试管贴附法　取一支试管,将消毒过的种菇剪取3厘米,往管内推进约3厘米,贴附在管内斜面培养基表面,管口塞好棉塞,棉塞与种菇保持间距1厘米。也可以将种菇片贴附在经灭菌冷却的木屑培养基上,让菇块孢子自然散落在基料上。

孢子采集见图4-11。

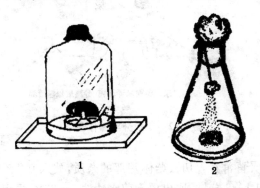

图4-11　孢子收集

1. 整朵插菇法　　2. 钩悬法

4. 组织分离法

属无性繁殖法。它是利用姬菇子实体的组织块,在适宜的培养基和生长条件下分离、培育纯菌丝的一种简便方法。具有较强的再生能力和保持亲本种性的能力。这种分离法操作容易,不易发生变异。但如果菇体染病,用此法得到的菌丝容易退化;若种菇太大、太老,此法得到的菌丝成活率也很低。组织分离法见图 4-12。

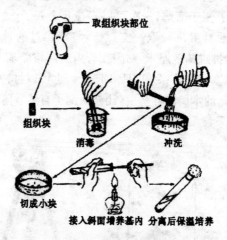

图 4-12 组织分离操作程序

(1)灭菌消毒 切去菇体基部的杂质,放入 0.1% 升汞溶液中浸泡 1～2 分钟,取出用无菌水冲洗 2～3 次,再用无菌纱布擦干。

(2)切取种块 将经过处理的种菇及分离时用的器具,同时放入接种箱内,取一玻璃器皿,将 3～5 克高锰酸钾放入其中,再倒入 8～10 毫升甲醛,熏蒸半小时后进行操作。或用气雾消毒剂灭菌。然后用手术刀把种菇纵剖为两半,在菌盖和菌柄连接处用刀切成 3 毫米见方的组织块,用接种针挑取,并迅速放入试管中,立即塞好棉塞。

(3)接种培养 将接入组织块的试管,立即放入恒温箱中,在 25℃～27℃条件下培养 3～5 天,即长出白色菌丝。10 天后通过筛选,挑出菌丝发育快的试管继续培养,对染有杂菌和长势弱的予以淘汰。经过 20～24 天的培养,菌丝会长满试管。

5. 母种转管扩接

无论是自己分离获得的母种,还是从制种单位引进的母种,若直接用作栽培种,不但成本高、不经济,且数量有限,不能满足生产上的需求。因此,一般对分离获得的一代母种,都要进行扩大繁殖。即选择菌丝粗壮、生长旺盛、颜色纯正、无感染杂菌的试管母种,进行转管扩接,以增加母种数量。一般每支一代母种可扩接成 5～6 支。但转管次数不应过多,因为转管次数太多,菌种长期处于营养生理状态,生命繁衍受到抑制。因此,母种转管扩接,一般最多不超过 5 次。操作程序如下。

(1)涂擦消毒 将双手和菌种试管外壁用 75％酒精棉球涂擦。

(2)合理握管 将菌种和斜面培养基的两支试管用大拇指和其他四指握在左手中,使中指位于两试管之间,斜面向上,并使之呈水平位置。

(3)松动棉塞 先将棉塞用右手捻转松动,以利于接种时拔出。右手持接种针,将棉塞在接种时可能进入试管的部分用火灼烧。

(4)管口灼烧 用右手小指、无名指和手掌拔掉棉塞、夹住。靠手腕的动作不断转动试管口,并通过酒精灯火焰。

(5)按步接种 将烧过的接种针伸入试管内,先接触没有长菌丝的培养基,使其冷却;然后将接种针轻轻接触菌种,挑取少许菌种,即抽出试管,注意菌种块勿碰到管壁;再将接种针上的菌种迅速通过酒精灯火焰区上方,伸进另一支试管,把菌种接入试管的培养基中央。

(6)回塞管口 菌种接入后,灼烧管口,并在火焰上方将棉塞塞好。塞棉塞时不要用试管去迎棉花塞,以免试管在移动时吸入不净空气。

接种整个过程应迅速、准确。最后将接好的试管贴上标签,送进培养箱内培养。母种转管扩接无菌操作方法见图4-13。

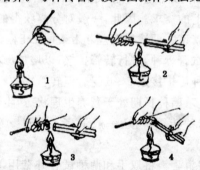

图4-13 母种转管扩接无菌操作
1. 接种针消毒 2. 无菌区接种 3. 棉塞管口消毒
4. 棉塞封口

扩接后的母种,置于恒温箱或培养室内培养,在23℃～26℃恒温环境下,一般培养15～20天,菌丝长满管,经检查,剔除长势不良或受杂菌污染等不合格的,即成母种。无论是引进的母种或自己转管扩接育成的母种,一定要经过检验。

(五)原种制作技术

原种是由母种繁殖而成,属于二级菌种,育成后是作为扩大繁殖栽培种用的菌种。因此,对培养料要求高,制作工艺精细。具体技术规程如下。

1. 原种生产季节

原种制作时间,应按当地确定的姬菇栽培袋接种日期为准,提前70～80天开始制作原种。菌种时令性强,如菌种跟不上,推迟供种,影响产菇佳期;若菌种生产太早,栽培季节不适宜,放置时间拖长,引起菌种老化,导致减产或推迟出菇,影响经济效益。

2. 培养基配制

原种培养基配方常用以下4组。

(1)木屑培养基配方

配方1:木屑67%,麦麸30%,蔗糖1.5%,石膏粉1.5%。

配方2:木屑70%,麦麸25%,蔗糖3%,石膏粉1.5%,硫酸镁0.5%。

(2)棉籽壳培养基配方

配方1:棉籽壳70%,杂木屑15%,麦麸13%,石灰粉2%。

配方2:棉籽壳63%,杂木屑20%,麦麸15%,石灰粉1%,碳酸钙1%。

(3)混合培养基配方

配方1:棉籽壳50%,木屑20%,麸皮10%,玉米粉15%,菜子饼粉(或棉籽饼粉)3%,石膏粉1%,蔗糖0.5%,磷酸二氢钾0.4%,硫酸镁0.1%。

配方2:木屑54%,玉米粉25%,麦麸15%,石膏粉1%,磷酸二氢钾0.4%,茶籽饼粉或其他籽饼粉4%,硫酸镁0.2%,红糖0.4%。

(4)玉米粒培养基配方 玉米粒80%,杂木屑15%,石膏粉1%,麦麸4%。

配制方法:按比例称取木屑和棉籽壳、麦麸、蔗糖、石膏粉。先把蔗糖溶于水,其余干料混合拌匀后,加入糖水拌匀。棉籽壳料拌妥后,须整理成小堆,待水分渗透原料后,再与其他辅料混合搅拌均匀。检测含水量一般掌握60%,pH值为6.5。谷物培养基制作参照"(六)栽培种制作技术"中的"3.麦粒培养基栽培种制作技术"。

3. 装瓶灭菌

原种多采用750毫升的广口玻璃菌种瓶,也可用聚丙烯菌种瓶或塑料袋。培养料要求装得下松上紧,松紧适中,过紧缺氧,菌丝生长缓慢;太松菌丝易衰退,影响活力,一般以翻瓶料不倒出为宜。装瓶后也可采取在培养基中间钻1个2厘米深、直径1厘米的洞,可提高灭菌效果,有利于菌丝加快生长。装瓶后用清水洗净、擦干瓶外部,棉花塞口;再用牛皮纸包住瓶颈和棉塞,进行高压灭菌。

木屑培养基灭菌以0.147兆帕压力保持2小时。棉籽壳培养基高压灭菌,保持2.5~3小时。棉籽壳含有棉酚,有碍姬菇菌丝生长,因此,在高压灭菌时采取3次间歇式放气法排除,详见"(六)栽培种制作技术"中的"2. 混合培养基栽培种制作技术"中的"料袋灭菌"。

4. 原种接种培养

原种是由母种扩繁,每支母种可扩接原种4～6瓶。具体操作方法见图4-14。

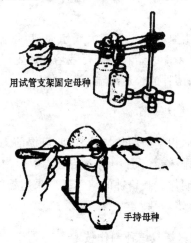

用试管支架固定母种

手持母种

图 4-14　母种接种原种示意图

原种培养室要求清洁、干燥和凉爽。接种后10日内,室内温度保持23℃～26℃。由于菌丝呼吸放出热量,当室温达到25℃时,瓶内菌温可达到30℃左右,所以室温不宜超过27℃,如果温度过高,则菌丝生长差,影响菌种质量。室温超过规定标准时,应采用空调降至适温,同时加强通风。室内空气相对湿度以70%以下为好。原种培养室的窗户,要用黑布遮光,以免菌丝受光照刺激,原基早现,或基内水分蒸发,影响菌丝生长。当菌丝长到培养基面的 1/3 时,随着菌丝呼吸作用的日益加强,瓶内料温也不断升高。此时室温要比开始培育时降低 2℃～3℃,并保持室内空气新鲜。20 天之后室温应恢复至 25℃。

(六)栽培种制作技术

栽培种是由原种进一步扩大繁殖而成,每瓶原种可接栽培种 60 袋。有条件的菇农可进行栽培种的生产,这样可节约开支,免去购买菌种的长途运输。

1. 栽培种生产季节

按姬菇大面积生产菌袋接种日期,可提前 40 天进行栽培种制作。如安排秋栽,8 月中旬开始菌袋生产,其栽培种要提前于 7 月上旬制作。栽培种的培养基可采用棉籽壳或木屑混合配成,或麦粒培养基。

2. 混合培养基栽培种制作技术

(1)培养基配方 棉籽壳 100 千克,杂木屑 20 千克,麦麸 20 千克,石灰 1.2～1.5 千克,料与水比例 1∶1～1.2。混合拌匀,装入 12 厘米×24 厘米的菌种袋,每袋湿重略高于 500 克。

(2)料袋灭菌 采用高压灭菌 3 次放气。方法:当锅内压力达 0.49 兆帕时,第一次打开排气阀,排出锅内冷气,待压力降到 0 时,再关闭;当气压上升至 0.24 兆帕时,第二次打开排气阀,让袋内气体排出;当压力降至 0.176 兆帕时,再关好阀门,让气压回升到 0.245 兆帕时,再行第三次放小气 15 分钟,而后以 0.245 兆帕保持 5 小时,达到彻底灭菌。菇农制作栽培种,也可采用常压灭菌,100℃以上保持 24 小时。

(3)接种培养 待料温降至 28℃以下时,在无菌条件下接入姬菇原种。每袋原种接栽培种 60 袋。接种后菌袋摆放于室内架床上,培养架 6~7 层,层距 33 厘米,菌袋采取每 3 袋重叠摆列,每列菌袋间留 10 厘米通风路。每平方米架床可排放 180 袋。菌种培养温度控制在 25℃条件下,培养 35~38 天,菌丝长至离袋底 1~2 厘米时,正适龄,生活力强,即可用于栽培姬菇。原种接栽培种方法见图 4-15。

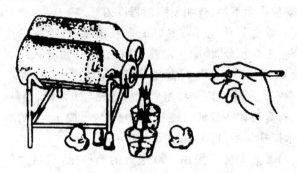

图 4-15 原种扩接栽培种方法

3. 麦粒培养基栽培种制作技术

(1)培养基配方 下面两组培养基配方任选 1 种。

配方 1:小麦(或大麦、燕麦、玉米)40%,木屑 30%,麦麸 8%,玉米粉 16%,石膏粉 1%,茶籽饼粉或棉籽饼粉 4%,红糖 0.4%,磷酸二氢钾 0.4%,硫酸镁 0.2%。料水比 1∶1.3。

配方 2:小麦(或大麦、燕麦、玉米)35%,木屑 30%,麦麸

8%,玉米粉 15%,石膏粉 1%,棉籽壳 10%,红糖 0.4%,磷酸二氢钾 0.4%,硫酸镁 0.2%。料水比 1:1.3。

(2)浸泡烫煮 先将麦粒除去杂物,用水浸泡。温度低时浸 24 小时,温度高时浸 12～16 小时,使麦粒既充分吸水,又不发芽,以浸水后的麦粒稍显膨胀为宜,一般以麦粒内无夹白心为度。

将浸泡好的麦粒捞起,过 1 次清水,沥干,置沸水中烫煮 20～30 分钟,或者煮沸 15～29 分钟。煮好的麦粒膨大,无破裂,手压有弹性,一捏即破,而且具有麦粒煮熟后的香味。一般以麦粒熟而不烂、透明发亮的程度为好。

(3)混合拌料 将烫煮好的麦粒捞起,过冷水淋洗 1 次后,沥去多余水分,稍晾干麦粒表面的水分,再拌入木屑或玉米粉、麦麸、棉籽壳和石膏粉等辅料,搅拌均匀,含水量达 60%左右。操作时应先将木屑或棉籽壳与玉米粉、麦麸、茶籽饼粉、石膏粉和碳酸钙等辅料混合干拌,再按 1:1 的料水比例加水搅拌匀后,再与麦粒混合拌匀。

(4)装瓶灭菌 采用 750 毫升的菌种瓶,装量为瓶高的 3/4,装料后擦净瓶壁和瓶口,塞上棉塞即可。河南、江西、湖北等地采用 500 毫升旧葡萄糖瓶为容器,瓶口小,接种时杂菌入侵机会少。装料后棉花塞口。麦粒(玉米粒)培养基营养丰富,质地坚实,空隙小,灭菌时间应适当延长。一般进行高压灭菌时,应比普通培养基的灭菌时间延长 20～30 分钟;进行常压灭菌时,比普通培养基的时间延长 1～2 小时。灭菌结束后及时取出,并用电风扇吹干棉塞,以免留在灶内的余热会烘干培养料。

(5)接种培养 经灭菌后的麦粒培养基,应立即搬入接种室或接种箱内,按常规方法进行消毒、接种和培养。

（七）菌种选育技术

1. 自然选育

又称人工选择,是有目的地选择并积累姬菇自发产生的有益变异的过程,是获得优良菌种较为简单有效的方法。姬菇在野生或人工栽培条件下,都有不断产生变异的可能。生产上用的菌种虽然保藏在比较稳定(如低温下)的环境中,但仍能产生不同程度的变异,这类变异都属于自发突变,即不经人工处理而自然发生的突变。变异有两种情况,即正向变异和负向变异,前者是提高产量,后者是导致菌种衰退和产量下降。为使菌种尽可能减少变异,保持相对稳定,以确保生产水平不下降,生产菌株经过一定时期的使用后,须选择感官性状良好的子实体,用组织分离或单孢分离的方法进行纯化,淘汰衰退的,保存优良的菌种,此即为菌株的自然选育。

2. 诱变育种

诱变育种是利用化学或物理因素处理姬菇的孢子群体或菌丝体,促使其中少数孢子或菌丝中的遗传物质的分子发生改变,从而引起遗传性改变,然后从群体中筛选出少数具有优良性状的菌株,这一过程就是诱变育种。诱变引起的变异常是突发性的,称为人工突变。突变常常有利于产量的提高和品质的改善。常用的物理手段为各种射线,适合化学诱变的药剂为:亚硝酸、甲基磺酸乙酯、亚硝基胍、氯化锂、硫酸二乙酯等。

3. 杂交育种

杂交育种是指遗传性不同的生物体相交配或结合而产生杂种的过程。依人工控制与否,可分天然杂交和人工杂交;依杂交时通过性器官与否,可分有性杂交和无性杂交;依杂交亲本亲缘远近不同,可分远缘杂交(种间、属间杂交)和种内杂交。姬菇的杂交是指不同种或种内不同株菌系之间的交配,以后者更重要。

4. 细胞融合育种

细胞融合是 20 世纪 70 年代后期发展起来的一种新的生物育种技术,有人将它与基因工程、发酵工程、酶工程,一起并称为现代生物技术的尖端——遗传工程。简单地说,细胞融合就是使两种不同的体细胞和性细胞,在助融剂和高渗透溶液中脱除各自的细胞壁,并使原生质体融合在一起,再生出细胞壁,组成一种新细胞。这种技术从原则上讲可以打破种与种、属与属,甚至低等生物与高等生物细胞之间的界限,使任何两种细胞融合在一起。一般实验室均具备开展细胞融合试验所用的药品、设备等,所以姬菇细胞融合育种是可行的。

(八)菌种提纯复壮与保藏

食用菌的遗传稳定是相对的,变异性是绝对的,往往一个优良的菌种衰退转化就会成为劣质的品种。另外,菌种在分离保藏和生产过程中,极易造成杂菌污染,因此,必须对菌种进行提纯和复壮。

1. 菌种提纯

(1)孢子稀释提纯 在接种箱内,用经过灭菌的注射器,吸取 5 毫升的无菌水,注入盛有孢子的培养皿内,轻轻搅动,使孢子均匀地悬浮于水中,即成孢子悬浮液。再将注射器插上长针头,吸入孢子悬浮液,让针头朝上,静放几分钟,使饱满的孢子沉于注射器的下部,推去上部的悬浮液,吸入无菌水将孢子稀释。然后接入培养基表面,把装有培养基的试管棉塞拔松,针头从试管壁处插入,注入孢子稀释液 1~2 滴,使其顺培养基斜面流下,再抽出针头,塞紧棉塞,转动试管,使孢子稀释液均匀分布于培养基表面。接种后将试管移入恒温箱内培养,在 25℃~26℃下培养 15 天,即可看到白色茸毛状的菌丝分布在培养基上面,待长满试管经检查后,即为继代母种。

(2)排除细菌或酵母菌污染 在菌种培养中,用肉眼仔细观察培养基表面,不难发现被细菌或酵母菌污染的分离物常出现黏稠状的菌落。取被纯化物接种在无冷凝水、硬度较高(琼脂用量 2.3%~2.5%)的斜面上,再降低培养温度到 15℃~20℃,利用姬菇在较低的温度下,菌丝生长速度比细菌蔓延速度快的特点,用尖细的接种针切割菌丝的前端,转接到新的试管斜面培养基中培养,连续 2~3 次就能获得所要的纯菌丝。也可打破试管,挑取内部长有基内菌丝的琼脂块,移入无冷凝水的培养基上。

(3)排除霉菌污染 霉菌和细菌不同,它和姬菇菌丝很相似,也有气生菌丝和基内菌丝。分离的方法主要是抑制杂菌生长,拉大姬菇菌丝生长和杂菌菌丝生长的范围差,从姬菇菌落前端切割,移植入新培养基。杂菌发现越早,分离的成功率越大。严格地说,在斜面培养基上的非接种部位发现的白色菌丝,应认为是杂菌菌落,应马上提纯。若霉菌有色孢子已出现,一方面易使分生孢子飘散,另一方面其基内菌丝早已蔓延,可能和姬菇菌丝混生在一起。如霉菌刚出现孢子且尚未成熟、变色,则可采用前端菌丝切割法提纯;转管时先将姬菇菌丝接种在斜面尖端,当长满斜面后,及时将原接种点连同培养基一起挖出;如霉菌菌落颜色已深,说明孢子已成熟,稍一振动孢子就会飘满培养基,若再行此法意义不大;如霉菌菌丝蔓延范围较大,可将 0.2% 升汞或 1% 多菌灵处理过的湿滤纸块覆盖在霉菌的菌落上,可抑制霉菌生长,防止孢子扩散,后用灭菌接种铲将表层铲掉,随之用接种针钩取基内菌丝移入新的培养基,如此 2~3 次。

(4)限制培养 取直径为 7~10 毫米、高为 4~6 毫米的玻璃或不锈钢环,经酒精灯火焰灼烧后趁热放到斜面培养基中央,将环的一半嵌入培养基内,然后将染有细菌的接种块放入环内进行培养。细菌生长会被限制在环内,而姬菇菌丝则可越过环而长到环外的培养基上,转管后即可得到纯化。

(5)覆盖培养 在污染了细菌的姬菇菌丝斜面上倾注一层厚约 2 毫米的培养基,培养一段时间后,当姬菇菌丝透过培养基形成新的菌落时,即可切割转管。最好进行二次覆盖。

(6)基质菌丝纯化培养 对棉塞长有霉菌的试管斜面,可将试管打碎,取出培养基,用 0.1% 升汞浸泡 2 分钟,用无菌水淋洗,再用无菌纸吸干。取一段 2 厘米长的培养基,从中部切开,在断面上用无菌刀片切成米粒大小的块,移入新的斜面上进行培养。

2. 菌种复壮

目的在于确保菌种的优良性状和纯度,防止退化。复壮方式有以下几种。

(1)分离提纯 重新选育菌种。在原有优良菌株中,通过栽培出菇,然后对不同系的菌株进行对照,挑选性状稳定、没有变异比其他菌株强的,再次分离,使之继代。

(2)活化移植 菌种在保藏期间,通常每隔 3~4 个月要重新移植 1 次,并放在适宜的温度下培养 1 周左右,待菌丝基本布满斜面后,再用低温保藏。但应在培养基中添加磷酸二氢钾等盐类,起缓冲作用,使培养基 pH 值变化不大。

(3)更换养分 菌种对培养基的营养成分往往有喜新厌旧的现象,连续使用同一种木屑培养基,会引起菌种退化。因此,注意变换不同树种和不同配方比例的培养基,可增强菌种生活力,促进良种复壮。

3. 菌种保藏

(1)低温保藏 将母种先用蜡纸或牛皮纸包住管口,再用橡皮筋扎牢,置于 4℃ 左右的电冰箱内存放,每隔 3 个月移植 1 次。

(2)液状石蜡保藏 在母种试管内灌入无菌液状石蜡,注入量以浸没斜面上方 1 厘米左右为宜,使菌丝与空气隔绝,降低活力。然后在棉塞处包扎塑料薄膜,竖直放于室内干燥或低温保藏,一般可以保藏 1~2 年。

(3)改善环境 若原种或栽培种已成熟,因一时生产衔接不上,需延长接种时间,应将菌种放于卫生干燥、避光、阴凉的房间内摆放;瓶或袋之间拉大距离,注意控温、通风、防潮。有条件的可放在空调房内,调到 5℃ 保藏,防止菌丝老化。

(九)规范化接种操作技术规程

无论是母种、原种或栽培种,在整个接种过程中都必须严格执行规范化操作技术规程。

1. 把握料温

原种和栽培种培养基经过高压灭菌出锅冷却后,一定要待料温降至 28℃以下时,方可转入接种工序,防止料温过高,烫伤菌种。

2. 环境消毒

接种前对接种箱(室)进行消毒净化,接种空间保持无菌状态。工作人员必须换好清洁衣服,用新洁尔灭溶液清洗菌种容器表面,同时洗手。然后将菌种带入接种室(箱)内,取少许药棉,蘸上 75%酒精擦拭双手及菌种容器表面、工作台面、接种工具。

3. 掌握瓶量

原种培养基一次搬进接种箱内的数量不宜太多,一般双人接种箱,一次装入量宜 80～100 瓶,带入相应数量的母种或原种;单人接种箱减半。如果装量过多,接种时间拖延,箱内温度、湿度会变化,不利于接种后的成活率。

4. 菌种净化

将待接种的培养基(如 PDA 培养基或原种培养基或栽培种培养基)放入接种箱内或室内架子上,用药物熏蒸,或采用紫外线灯灭菌 20～30 分钟,注意用报纸覆盖菌种,防止紫外线伤害菌种。

5. 控制焰区

点燃酒精灯开始接种操作,酒精灯火焰周围 8～10 厘米半径范围内的空间为无菌区,接种操作必须靠近火焰区。菌种所暴露或通过的空间,必须是无菌区。

6. 缩短露空

接种提取菌种时,必须敏捷、迅速接入扩接的料瓶内,缩短菌种块在空气中的暴露时间。

7. 防止烫菌

接种针灼烧后温度上升,不要急于钩取菌种,必须冷却后再取种;菌种出入试管口时,不要接触管壁或管口;也不宜太慢经过酒精灯火焰区,以防烫死菌种。

8. 扫尾清残

每次接种完毕,把菌种搬离箱(室)后,立即打扫,清除残留物,再消毒,以便再利用。

(十)菌种培养管理关键技术

1. 检查杂菌

各级菌种在扩繁接种,转入培养管理后,第一关就是检杂除害。起检时间一般是接种后 3 天进行,以后每天 1 次。检查方法:用工作灯照射菌种瓶,认真观察接种块和培养基表面瓶内四周,有否出现黄、红、黑、绿等斑点或稀薄白色菌丝蔓延,稍有怀疑,宁严勿留。一经检查发现污染杂菌,立即隔离,作消灭污染源处理。

2. 控制适温

菌种培养室温度应控制在 22℃～23℃为宜。专业性的菌种厂必须安装空调机,以便调节适温。越冬升温可采用室内安装暖气管,锅炉蒸汽管输入暖气片,使暖气管升温,这种加温设备很理想。采用空调机电力升温更好。一般菌种厂可在培养室内安装电炉或保温灯泡升温。要注意瓶内菌温一般会比室温高 2℃～3℃,因此升温时,应掌握比适温调低 2℃～3℃为宜。随着菌丝生长发育进展,菌温也逐步上升,因此在适温的基础上,每 5 天需降低 1℃,以利菌种正常发育。

3. 干燥防潮

菌种培养是在固定容器内生长菌丝体,只要培养基内水分适宜,湿度控制比较容易。培养室内的空气相对湿度要求控制在 70%以下,目前主要依照自然条件即可。但在梅雨季节,要特别注意培养室的通风降湿。因为此时外界湿度大,容易使棉花塞受潮,引起杂菌污染,对此可在培养室内存放石灰粉吸潮,同时利用排风扇等通风除湿。当气温低时,可用加温除湿的办法,降低培养室内的湿度。

4. 排出废气

冬季用煤炭加温时,要防止室内二氧化碳沉积伤害菌丝。在控制培养温度时,应该注意通风透气。在菌种排列密集的培养室内,注意适当通风;培养室内上下各设若干窗口,便于冷热空气对流通风。窗口大小依菌种数量多少、房间大小而定。

5. 适度光照

姬菇菌种培养不需要光照,阳光照射会使基质水分蒸发,菌种干缩,引起菌种老化。因此培养室门窗必须挂遮阳网,开窗通风时可避免阳光照射。

五、姬菇规范化栽培管理实用技术

(一)当家菌株选择

目前国内姬菇菌种的菌株较多,市场常见有宁姬018、姬新39、姬8、冀农11、姬16、白姬菇等10多个菌株。其中冀农11是姬菇类糙皮侧耳中国内首次育成的一个优良品种。其具有原基密集,形成的菇体数量多,群生分布在近同一层面上,内外不同位置原基能均衡发育;子实体柄长适中,易诱导伸长生长,且菌盖颜色深,菌褶窄,菌褶在柄上延生短,柄更显清秀白亮;柄粗细上下变化平缓,当菌盖都达到一级菇标准的0.8厘米时,菌柄比例协调;子实体分化温度3℃～33℃,且尤耐1℃～3℃低温;菌丝体长速快,并能抗木霉、青霉感染;适应棉籽壳、豆秸、玉米芯等多种农业下脚料栽培,生物转化率一般100%,管理得当时最高的可达149%。

(二)栽培季节安排

姬菇属于中低温型的食用菌,自然气温栽培一般为秋、冬、春3季长菇。具体栽培时间的安排,应根据姬菇菌丝生长适宜温度16℃～30℃,出菇适宜温度6℃～20℃,秋季气温稳定在16℃～20℃时,为首批菇发生日期。依次上溯40天为首批接种期,当地温度不超过30℃,不低于16℃;接种后40天进入出菇期,当地温度不低于6℃,不超过20℃。这样使发菌培养处于适温,出菇阶段温度也适宜,有利稳产高产。

以接种期为基数,上溯 75 天为栽培种制作日,上溯 105 天为原种制作日,上溯 115 天为母种转管扩繁日期。如果 10 月 15 日为头潮菇发生日期,则 6 月 25 日为一级种制作期,11 月初为末批播期。这样,出菇季节为 10 月至翌年 4 月初。由于各地气候条件不同,故出菇季节也不同,栽培者应根据本地的气温情况,灵活掌握栽培季节。

(三)菌袋生产工艺

姬菇适于袋料栽培。培养料的处理方法依原料质地和洁净程度,栽培季节与地区气温高低而选择生料、熟料和发酵料。一般以棉籽壳为原料的,气温低于 20℃时,投料以生料为主;以玉米芯、秸秆,或陈旧棉籽壳作主料的,气温 25℃左右时,以发酵料为主;以锯末屑作为主料的,或在 25℃以上投料时,以熟料为主。其工艺流程见图 5-1。

图 5-1　姬菇菌袋生产工艺流程

(四)原料处理与配制技术

1. 主要原辅料

(1)主料 原料栽培主料是指在栽培基质中占数量比重大的营养物质,简称主料。主料是以碳水化合物为主的有机物,为姬菇提供主要的能量来源和菇体构成成分。常用有棉籽壳、玉米芯、木屑、棉秆、大豆秸、花生藤、花生壳、大豆荚、废棉、甘蔗渣。其营养成分见表 5-1。

表 5-1 常用栽培主料营养成分(%)

材料	水分	粗蛋白质	粗脂肪	粗纤维(包括木质素)	无氮浸出物(可溶性碳水化合物)	粗灰分	钙	磷
棉籽壳	13.6	5.0	1.5	34.5	39.9	5.9	—	—
玉米芯	8.7	8.0	0.7	28.2	58.4	2.0	0.40	0.25
木 屑	—	1.5		95.0	—	—	—	—
大豆秸	10.0	7.1	1.1	28.7	47.3	5.5	—	—
花生壳	10.1	7.7	5.9	59.9	10.4	6.0	1.08	1.07
花生藤	11.6	6.6	1.2	33.2	41.3	6.1	0.91	0.05
棉 秆	12.6	4.9	0.7	41.4	36.6	3.8	—	—
大豆荚	14.6	10.3	2.5	23.3	34.5	14.9	—	—
废 棉	12.5	7.9	1.6	38.5	30.9	8.6	—	—
甘蔗渣	—	4.2		71.8		14.0	0.34	0.07

(2)辅助原料 辅助原料是栽培基质中配量虽少,但可增加营养、改善化学和物理状态的一类物质,简称辅料。常用的

辅料大致可分为两类：一类是天然有机物质，如麸皮、米糠、玉米粉、酵母粉、蛋白胨等（营养成分见表5-2）。另一类是化学物质，有的以补充氮素为主，如尿素、硫酸镁、过磷酸钙等；有的以调整酸碱度为主，如生石灰、硫酸钙、碳酸钙。

表 5-2　常用有机辅料营养成分 （%）

材　料	水　分	粗蛋白质	粗脂肪	粗纤维	碳水化合物	粗灰分	钙	磷
麸　皮	12.8	11.4	4.8	8.8	56.3	5.9	0.15	0.62
米　糠	9.0	9.4	15.0	11.0	46.0	9.6	0.08	1.42
玉米粉	14.1	7.7	5.4	1.8	69.2	1.8	—	—
大豆饼	13.5	42.0	7.9	6.4	25.0	5.2	0.49	0.78
菜子饼	10.0	33.1	10.2	11.1	27.9	7.7	0.26	0.58
花生饼	10.4	43.8	5.7	3.7	30.9	5.5	0.33	0.58
棉籽饼	9.5	31.3	10.6	12.3	30.0	6.3	0.31	0.97
黄豆粉	12.4	36.6	14.0	3.9	28.9	4.2	0.18	0.4

2. 选择与预处理

目的在于使培养料适合装袋和利于菌丝的吸收。处理标准是细度、容重、软化和干燥。处理的方法是切碎、粉碎和晾晒。

(1) 细度　即颗粒大小。主料中的棉籽壳、锯末、废棉等原料的原始状态不同，粉碎的效果不同，以决定是否再粉碎和细度大小。棉籽壳、锯末、废棉、甘蔗渣不作粉碎处理；玉米芯、大豆秸、大豆荚，可用秸秆粉碎机加工，玉米芯最大颗粒要小于0.8厘米；花生壳等以通过0.3厘米筛为好；枝桠材用菇木切片粉碎机加工，最大颗粒应小于0.3厘米，木屑用前要经筛选。

(2) 容重　指单位容积内所含干物的质量。袋栽的装料量多少,直接影响产量的高低,也关系到菇棚设施的投资收益。棉籽壳容重为每立方厘米 0.21～0.25 克,锯末、玉米芯略低,玉米秸秆粉的容重为每立方厘米 0.176 克。

(3) 软化 目的有三个:一是增加容重,如用秸粉直接装袋,无论用多大人力去压实,其容重仍比棉籽壳小得多,若经拌加 3％～5％石灰水堆制软化 1～2 天,就会使中空纤维组织软化,再装袋容重就增加了;二是使料腐熟和去除有害成分。如松木屑使用前应先堆于室外,长期日晒雨淋,让其中的树脂、挥发性油及有害物质完全消失后才可用于栽培。三是适于袋装的秸秆、木屑类栽培料,若不经堆积软化,容易扎破塑料袋,造成污染。

(4) 干燥 姬菇生产常是当年备料,翌年栽培使用。干燥就是要把粉碎或购进的原料反复晾晒,然后再装袋垛放。第二年使用前要开袋检查霉变情况。

3. 培养料组配原则

由于原料品种不同,其营养成分不一,配料时应掌握以下 4 个原则。

(1) 碳氮合理搭配 许多人在配料时添加氮源,似乎多多益善,其结果是花钱多不说,效果还不明显。具体组配时,可以棉籽壳配方为依托,根据替换料的营养情况增减辅料。含氮辅料的选用本着有机料为主、化学料为辅的原则,化学辅料尽量少用,并注意使用方法,防止产生毒害。

(2) 软硬搭配 一般质地软的料纤维素含量多,质硬的料木质素多,两者搭配能解决软质料菌丝生长期菌袋坍塌,子实体生长期营养供给缺乏的问题。

(3) 粗细搭配 颗粒小的透气性差,颗粒大的料透气性好,但易失水干结,两者相结合,就形成既透气又保水,利于菌丝生长的环境。

(4)化学性质搭配 防止原料之间发生反应,产生毒副作用,如石灰和磷酸二铵,若同时使用,会有明显的氨产生,将危害菌丝的正常生长。尿素在栽培料中添加量超过 0.1%,遇到高温分解放氨,受菌类的催化降解放氨,也是应注意的问题。

4. 常用培养基配方

配方 1:杂木屑 76%,麸皮或米糠 20%,石膏 1%,石灰 3%,含水量 65%。

配方 2:麦草粉 46%,稻草粉 30%,麸皮或米糠 20%,石膏 1%,石灰 3%,含水量 65%。

配方 3:麦草粉或稻草粉 46%,棉籽壳 40%,麸皮 10%,石膏 1%,石灰 3%,含水量 65%。

配方 4:玉米芯 80%,麸皮或米糠 16%,石膏 1%,石灰 3%,含水量 65%。

配方 5:玉米芯 40%,麦草粉 40%,麸皮或米糠 16%,石膏 1%,石灰 3%,含水量 65%。

配方 6:麦草粉 60%,甘蔗渣 20%,麸皮 10%,玉米粉 6%,石膏 1%,石灰 3%,含水量 65%。

配方 7:棉籽壳 86%,麸皮或米糠 10%,石膏 1%,石灰 3%,含水量 65%。

配方 8:稻草粉或麦草粉 80%,麸皮 10%,玉米粉 6%,石膏 1%,石灰 3%,含水量 65%。

配方 9:稻草粉 50%,杂木屑 30%,米糠 10%,玉米粉 6%,石膏 1%,石灰 3%,含水量 65%。

配方 10:麦草粉或稻草粉 30%,杂木屑 25%,玉米芯 25%,麸皮 10%，玉米粉 6%，石膏 1%，石灰 3%，含水量 65%。

5. 拌料与分装

(1) 拌料　指把配方提供的栽培主料、辅料，以及水混合搅拌均匀。拌料的原则是从小量到大量，依次混合。先把石膏拌入麸皮，再将麸皮撒入摊开的主料上，再用铲翻拌后加水。具体方法有人工拌料、半机具拌料、全机具拌料多种。

人工拌料的基本操作是拌、闷、抖、扫。"拌"是把主料、辅料各组分先混匀，尤其是麸皮，混匀前加水易吸水黏结成团；"闷"是把加水后的料堆成堆，使其充分吸收水分；"抖"是把堆闷料的干块打散，复又成堆，使其与水分充分接触；"扫"就是用扫帚把料散开，将吸湿成团料块打散，并拣出发霉料块。

半机具拌料只是借助机具把经人工拌、闷、抖的料，经高速旋转的铁棒搅拌开。

全机具拌料是指利用搅拌机，根据其拌料室容积，计算出一次总拌料干重，再推算出主料重、辅料重、水重，而后依次倒入拌料室，盖好拌料室盖，启动动力源，将料一次混匀的拌料方法。一般的搅拌机一次能搅拌 100～200 千克干料。目前推广使用的自走式培养料搅拌机，每小时可拌料 5 000 千克。

(2) 分装　方法有手工分装和机械分装。分装的容器有袋装和瓶装。袋装即用塑料膜袋将栽培料分隔包装。栽培袋多用低压聚乙烯或聚丙烯原料吹制成型袋。所用薄膜袋的规格不同，装料量有别：短袋的常用 15 厘米×30 厘米或 17 厘米×37 厘米袋，每袋装干料量 300～350 克或 450～500 克；而长袋则采用 15 厘米×55 厘米或 17 厘米×50 厘米的，每袋干料 800～1 000 克。瓶装有塑料瓶和玻璃瓶。塑料瓶为耐高压的聚丙烯塑料制成，白色半透明，容量为 850～1 000 毫升,瓶盖由盖体和泡沫过滤片组成。玻璃瓶常见的是广口罐头瓶和输液瓶,容量 500 毫升,用棉塞封口。

(五)培养基灭菌技术

栽培原料要求达到无菌状态,常用灭菌方法有以下几种。

1. 高压蒸汽灭菌法

(1)原理 指利用高温高压蒸汽温度高、热量大、穿透力强的特点,使杂菌体内蛋白质变性而被杀灭的方法。高压蒸汽灭菌可以杀死一切菌类微生物,包括细菌的芽孢、真菌的孢子或休眠体等耐高温的个体。灭菌的蒸汽温度随蒸汽压力的增加而升高,增加蒸汽压力,灭菌的时间可以大大缩短,是一种最有效的、使用最广泛的灭菌方法。蒸汽压力与蒸汽温度的关系见表 5-3。具体采用的蒸汽压力与灭菌时间,应根据灭菌物质的种类及在锅内排放的疏密作适当调整。一般灭菌压力 103 千帕(1.05 千克/厘米^2),此时温度约 121℃。

表 5-3　蒸汽压力与温度关系

压　力 千帕(千克/厘米^2)	温度 (℃)	压　力 千帕(千克/厘米^2)	温度 (℃)	压　力 千帕(千克/厘米^2)	温　度 (℃)
6.86(0.070)	62.08	62.08(0.633)	114.3	117.19(1.195)	123.3
13.83(0.141)	104.2	69.94(0.703)	115.6	124.15(1.266)	124.4
20.69(0.211)	105.7	75.90(0.744)	116.8	137.88(1.406)	127.2
27.56(0.281)	107.3	82.77(0.844)	118.0	151.71(1.547)	128.1
34.52(0.352)	108.8	89.63(0.914)	119.1	165.44(1.687)	129.3
41.38(0.422)	109.3	96.50(0.984)	120.2	166.32(1.696)	131.5
48.25(0.492)	111.7	103.46(1.055)	121.3	178.48(1.82)	133.1
55.21(0.563)	113.0	109.88(1.12)	122.4	206.82(2.109)	134.6

(2)操作程序

第一步,检查各部件完好情况,如安全阀、排气阀是否失灵或被异物堵塞,防止操作过程中,发生故障和意外事故。

第二步,向灭菌锅内加水至水位标记高度,如水过少,易烧干造成事故。如灭菌锅直接通蒸汽,则不加水。

第三步,将待灭菌的栽培料袋、料瓶或其他物品等分层次整齐地排列在锅内,留有适当空隙,便于蒸汽的流通,以提高灭菌效果。

第四步,盖上锅盖,对角同时均匀拧紧锅盖上的螺栓,防止漏气。

第五步,关闭放气阀门开始加热。当锅内压力上升至49.04千帕(0.5千克/厘米^2)时,打开放气阀,排尽锅内冷空气,使压力降至0处,再关上放气阀;可再升至0.5千克/厘米^2,再放冷气回0。放尽冷气这一点很重要,如果冷空气未放尽,即使锅内达到一定压力时,温度仍达不到应有程度,就会影响灭菌效果(表5-4)。

表5-4 冷气存在下高压锅内的温度变化

千帕 (千克/厘米^2)	高压蒸汽中的温度(℃)				
	空气 未排出	1/3空气 排出时	1/2空气 排出时	2/3空气 排出时	空气 排尽
34.32(0.35)	72	90	94	100	109
65.65(0.70)	90	100	105	109	115
102.97(1.05)	100	109	112	115	121
138.27(1.41)	109	115	118	121	126
172.60(1.76)	115	121	124	126	130
196.13(2.00)	121	126	128	130	135

第六步,继续加热,当锅内压力升至 98.07 千帕(1.05 千克/厘米²)时的温度应为 121℃,即为灭菌的开始时间。这时应调节热源大小,减少热量,保持所需要的压力,棉籽壳栽培料经 1.0~2.5 小时,即可彻底灭菌。压力维持期间,还应注意压力在加热时的突然下降,若出现这种情况,表明锅内已无水,应迅速停止加热,补水。

第七步,关闭热源,待压力自然下降或用放气阀放至 0时,打开锅盖,取出灭菌物品。

2. 常压高温灭菌法

常采用常压灭菌灶或常压灭菌槽进行蒸汽高温灭菌。

(1)常压灶灭菌法 姬菇培养基的灭菌多采用常压高温的物理灭菌方法,来达到杀灭有害微生物的目的。灭菌工作的优劣,直接关系到培养基的质量和杂菌污染率。一些栽培者在灭菌工作上麻痹大意,马虎从事,灭菌不彻底致使培养料酸变,或接种后杂菌污染严重,菌袋成批报废,损失严重。因此,灭菌操作应做好以下事项。

①及时进灶 培养料未灭菌前,存有大量微生物。在干燥条件下,这些微生物处于休眠或半休眠状态。特别是老菇区,空间杂菌孢子甚多,当培养料调水后,酵母菌、细菌活性增强,加之配料处于气温较高季节,培养料营养丰富,装入袋内容易发热。如未及时转入灭菌,酵母菌、细菌加速繁殖,会将基质分解,导致酸败。因此,装料后要立即将其入灶灭菌。

②合理叠袋 培养料进灶后的叠袋方式,应采取一行接一行,自下而上地重叠排放,使上下袋形成直线;前后叠的中间要留空间,使气流自下而上地畅通,仓内蒸汽能均匀运行。有些栽培者采用"品"字形重叠,由于上袋压在下袋的缝隙间,

气流受阻,蒸汽不能上下运行,会造成局部死角,使灭菌不彻底,因此灶内叠袋必须防止堵压缝隙。

如果是采用大型罩膜灭菌灶,一次容量为 3 000 袋。叠袋时,四面转角处横自交叉重叠,中间与内腹直线重叠,内面要留一定的空间,让气流正常运行,叠好袋后,罩紧薄膜,外加麻袋,然后用绳索缚扎于灶台的钢钩上,四周捆牢,上面压木板加石头,以防蒸汽把罩膜冲飞。

③控制温度　料袋进蒸仓后,立即上下旺火猛攻,使温度在 5 小时内迅速上升到 100℃,这叫“上马温”(即从点火到 100℃)。如果在 5 小时内温度不能达到 100℃,就会使一些高温杂菌繁衍,使养分受到破坏,影响袋料质量。达到“上马温”100℃后,要保持 12～16 小时,中途不要停火,不要掺冷水,不要降温,使之持续灭菌,防止“大头、小尾、中间松”的现象。

大型罩膜灭菌灶,膜内上温较快,从点火至 100℃不到 2 小时。但因容量大,所以上升到 100℃后应保持 24 小时,才能达到彻底灭菌之目的。

④认真观察　在灭菌过程中,工作人员要坚守岗位,随时观察温度和水位,检查是否漏气。砖砌水泥专用灭菌灶的蒸仓正面上方,设有温度观察口,应随时用棒形温度计插入口内,观察温度。如果温度不足,则应加大火力,确保持续不降温。锅台边安装有 2 个水位观察口,锅内有水,热水从口中流出;若从口中喷出蒸汽,表明锅内水已干,应及时补充热水,防止烧焦。

砖砌灭菌灶,由于蒸仓膛壁吸热,所以上温较慢,一般从点火上升到 100℃需 5 小时。灭菌时应先排除蒸仓内的冷气,让其从仓顶排气口排出,1～2 小时后再把排气门堵塞,并用湿麻袋或泥土、石头压住；同时检查仓壁四周是否出现漏气，如有漏气应及时用湿棉塞塞住缝隙，杜绝漏气。尤其是采用木框蒸笼灭菌灶的，蒸汽往往从层间缝隙喷出，应及时堵塞，以免影响灭菌效果。

⑤卸袋搬运　袋料达到灭菌要求后，即转入卸袋工序。卸袋前，先把蒸仓门板螺丝旋松，把门扇稍向外拉，形成缝隙，让蒸汽徐徐逸出。如果一下打开门板，仓内热气喷出，外界冷气冲入，一些装料太松或薄膜质量差的料袋，突然受冷气冲击，往往膨胀成气球状，重者破裂，轻者冷却后皱纹密布，故需待仓内温度降至 60℃ 以下时，方可趁热卸袋。卸袋时，应套上棉纱手套，以防被蒸汽烫伤。如发现袋头扎口松散或袋面出现裂痕，则应随手用纱线扎牢袋头，用胶布贴封裂口。卸下的袋子，要用板车或拖拉机运进冷却室内。车上要下铺麻袋，上盖薄膜，以防止刺破料袋和被雨水淋浇。

(2)灭菌槽/包灭菌法　灭菌槽是蒸仓与蒸汽发生装置分离、蒸仓固定的常压灭菌设施。

①灭菌槽结构　灭菌槽是用水泥、砖砌成的长方形或方形蒸仓，蒸汽发生装置是常压或高压产汽锅炉，两者用通气管相连。灭菌槽底高于周围地面且略呈坡形，在地势稍低一端的墙上预埋铁管，作冷水冷气泄孔；地势稍高的一端预埋带阀门的铁管，作水蒸气入孔。槽底用砖平铺成 12 厘米的洞，作蒸汽通道和存留冷水之用。槽顶不封或半封顶，敞开的地方用塑料薄膜和长方形木板盖严。为便于装袋与出槽，一般是一个锅炉带两个灭菌槽，轮流使用。体积 3.5 立方米的槽可容纳 1 吨干料。

常压灭菌槽的使用及灭菌效果检查与灭菌灶相同，最好在装袋时埋入耐压温度计探头，表盘固定在适宜位置随时观测料温变化。类似灭菌槽的设计还有灭菌室,灭菌室封顶,侧开大门,多层架铁车装栽培料袋,码放或移动菌袋甚是方便。

②灭菌包配套　灭菌包是用塑料薄膜、苫布临时包裹成的蒸仓,蒸汽发生装置是常压或高压产汽锅炉。两者用通气管相连。灭菌包的底部是用砖、架板在地面上铺成的平台,上面再衬一层普通塑料编织袋,铺设时留有孔道,便于蒸汽流通。

③灭菌操作　灭菌包装填物料时,先把部分菌袋立着装入大编织袋内,扎住口,一袋一袋沿灭菌包底外沿垛成围墙,里面空间再摞放菌袋,最后用塑料薄膜苫布盖严。苫布四边各用长杆卷起,固定在地面上。包的四角各预埋 1 根橡胶软管,自包底引出包外,作冷气泄孔。灭菌包的容积以容纳 2 吨干料为宜,为 4～6 米^3。灭菌包的使用、温度监测、效果检查与灭菌灶相同。

④注意事项　灭菌槽、灭菌包的蒸仓与蒸汽产生装置由一体走向分离,蒸仓容积由恒定变成可变,这些影响热量分布的要素变化必然引起灭菌效果的变化。为保证良好的灭菌效果,必须注意产汽锅炉的配置,在投料量相对不变的情况下,通过灭菌效果观察,形成特定灭菌设施的灭菌时间常数;不能为加快投产速度,盲目增加灭菌料量;保持蒸仓内菌袋间温度在 95℃～102℃之间。

3. 堆制发酵控菌法

指采用堆制的形式,将加水原料产热蓄积起来,营造出高温环境,以杀死不耐高温的杂菌控制方法。实质上是发酵消毒和调整菌物的种群结构。有自然堆制发酵和加菌堆制发酵两种类型,是姬菇栽培料的处理方法之一,经发酵处理的培养料称为发酵料。

(1)自然堆制发酵 栽培料按配方加水拌匀后,堆制成高0.8米,宽1.5米,长依料量而定的垛,垛上遍扎透气孔后,覆以草苫、编织袋或塑料薄膜保湿升温。当顶层20厘米处温度升至50℃时,开始翻料倒垛,使上层料变成下层料,外层料变成里层料,再扎孔覆膜,如此经2~4次翻拌后,散堆散温即告完成。发酵好的培养料,横断面上长满了耐高温真菌和放线菌菌丝,遇风后菌丝断裂,显现出一个个点状白斑,料略带土腥味,无酸臭异味。堆制发酵主要是促进菌物的有氧代谢,在操作中应注意:料堆要暄,不能踩压、拍实;料初次加水水量不能太大;覆膜的作用主要是保湿,为增加氧供应,宜支架起来。

(2)加菌堆制发酵 这是借助有益菌群加速自然堆制发酵的培养料处理方法。如"阿姆斯食用菌原料催熟剂"就是一种加速发酵的菌制剂。菌剂加入后,能在最短时间于栽培料内形成有益的优势种群,完成营养的分解、优化,为菇类的生长提供专一性的基质,达到以菌治菌、以菌促菌的目的。操作时,按用量要求将催熟剂溶于水拌入培养料内,以后的步骤和自然堆制发酵的相同。

4. 堆制诱发灭菌法

(1)原理 该法是集堆制发酵灭菌与常压蒸汽灭菌的优点于一身的培养料灭菌新技术。原理概括为三个:一是杀菌而不是抑菌:但先诱导杂菌孢子萌发,然后再蒸汽灭菌,将其彻底杀死,对料内杂菌杀灭彻底,保证发菌阶段不再污染;二是诱发灭菌而不是直接灭菌,灭菌过程包括对杂菌孢子的诱导萌发和灭菌两个阶段;三是堆制诱发而不是堆制发酵:料堆升温,主要是促使孢子萌发,不再靠发酵热杀菌,但同时又具有发酵的一些特点,即经堆制诱发和灭菌的培养料得到腐熟软化,降低了料中溶性糖和氮的含量,减少了杂菌孢子赖以迅速萌发和生长的物质基础。

(2)设施 灭菌灶、灭菌槽、灭菌包均可,其建造与使用基本方法见上述。

(3)操作 类似于自然堆制发酵,但重点在于控温诱导孢子萌发。拌好的料堆成高 0.8 米、宽 1.5 米的垛,长不限。上覆塑料薄膜保湿升温,即进入堆制升温,诱导孢子萌发阶段。当料深 0.4 米、温度至 40℃~45℃时,揭开薄膜上下翻倒混合均匀,再堆成原状。以后每隔 24 小时翻垛 1 次,前后翻堆 3 次,即可装袋灭菌。堆温升至 40℃~45℃,夏季需时较短,冬季用时较长。因此,在冬季可借助通汽预热的措施提高堆制诱发的起始温度,以缩短诱发时间。往槽、灶、包内装袋时,菌袋间、垛间应留有空隙,以利蒸汽流通。常压灭菌时,当表层 15 厘米处料温升至 95℃时,维持 1~3 小时(视灭菌量而定,以热透为准),即可停止给汽,短时蒸汽灭菌处理,可开放接种而不污染。适宜于高温季节和种菇老区特别是污染严重的地区采用。

5. 药物控菌

指利用化学药剂来预防和防治原料中杂菌危害。该法比灭菌的效果差,属于消毒的范畴。根据药物浓度以及杂菌所处的生理状态,可将药物对杂菌的控制程度分为抑制和杀灭。根据药物作用、菌物种类的多寡分为选择性杀菌剂和非选择性杀菌剂,前者作用菌谱窄,仅对某些菌类的孢子萌发和菌丝生长产生影响,多为营养性杀真菌剂;后者作用菌谱广,对接触到的几乎所有菌类的营养体和繁殖体均能产生影响,多是卫生消毒杀虫用品。药物控菌大多用于不经蒸汽灭菌的栽培料处理,这种栽培料叫生料;也可以于蒸汽处理前加入料内,再经高压或常压灭菌。

(1)多菌灵 主要使用 50%可湿性粉剂、40%胶悬剂两种剂型,配制成 0.1%～0.2%水溶液用于拌料,防止木霉、链孢霉等的污染。

(2)甲基托布津 主要剂型有 50%、70%可湿性粉剂,用其占干料重的 0.1%～0.15%混合拌料,可预防木霉污染。

(3)克霉灵 非选择性杀菌剂,化学名称为二氯异氰尿酸钠,属有机氯类杀菌剂。作用机制包括三方面:一为遇水分解形成次氯酸的氧化作用;二为新生态氧的作用;三为氯化作用。使用浓度为干料重的 0.07%～0.1%。克霉灵是整体降低料中的杂菌浓度,其遇水分解,作用时间短;多菌灵是选择抑制某些霉菌的生长,作用时间长,建议联合用药,以提高控菌效果。但要注意克霉灵与多菌灵一起混合会引起剧烈的化学反应,最好是先用克霉灵,十几个小时后再拌入多菌灵。

(六)接种消毒与灭菌操作

1. 接种空间消毒

(1)甲醛熏蒸 一般为 40%的甲醛水溶液(福尔马林)。有强烈的刺激气味,它能使菌物的蛋白质变性,对细菌、霉菌具有强烈的杀灭作用。每立方米空间用量为 8～10 毫升。用法是将甲醛溶液放入一容器内,加热使甲醛气体挥发;或用 2份甲醛溶液加 1 份高锰酸钾混合在一起,利用反应产生的热量使其挥发。

（2）**紫外线照射法** 紫外线的杀菌作用最强的波长是2600埃，可导致细胞内核酸和酶发生光化学变化而使细胞死亡，其有效作用距离为1.5～2米，以1.2米以内为最好。照射20～30分钟，空气中95％的细菌会被杀死。紫外线无穿透能力，若物品堆积过多过密，将影响杀灭效果。

（3）**烟雾剂熏蒸** 常用烟雾异氰尿酸钠作杀菌剂。烟雾剂的杀菌机制与二氯异氰尿酸钠溶于水的灭菌机制相同，杀菌剂与烟雾中的小水滴发生反应生成次氯酸、活性氧、活性氯，其与菌体蛋白反应，使之变性而杀死菌类。烟雾剂的用量是每立方米4～8克。

（4）**臭氧发生器** 臭氧消毒器以干燥的空气为原料，生成臭氧，臭氧分解成氧气和新生态氧。此种新生态氧作用于细菌、真菌等的细胞壁和细胞膜，使其被破坏，从而达到灭菌效果。臭氧杀菌具有高效彻底、高洁净性、无二次污染等优点。

（5）**喷施消毒剂** 常用消毒剂有2％来苏儿、0.25％新洁尔灭、2％过氧乙酸、0.1％克霉灵等。以上溶液用于喷雾，可使接种空间布满雾滴，加速空气中的微尘粒子和杂菌沉降，防止地面上灰尘飞扬，从而达到杀菌作用。用于开放场地以及盛种器皿的消毒，也能收到减少污染的效果。

2. 接种工具消毒

目的是防止接种过程带进杂菌，常用以下方法。

（1）**火焰灭菌** 将能耐高温的器物，如金属用具等直接放在火焰上烧灼，使附着在物体表面的菌物死亡，称为火焰灭菌。灭菌时，将接种工具的接种端放在酒精火焰2/3处，来回过两三次，烧红几秒钟，使其自然冷却后，即可使用。

（2）**酒精** 学名乙醇，能使菌体蛋白质脱水变性，致使菌物死亡。70%～75%酒精的杀菌作用最强,由市售95%乙醇按100毫升加水25～30毫升的比例配制成。灭菌时,将接种工具的接种端直接浸泡在酒精内,未浸泡的部分用镊子夹取酒精棉冲淋擦洗。使用时,自酒精内取出工具,抖去附着的酒精,晾干或用酒精灯烤干。酒精易燃挥发,应密封保存。

(3)来苏儿 即50%煤酚皂溶液,消毒能力比石炭酸强4倍。用时按50%来苏儿40毫升,加水960毫升的比例,配成2%来苏儿溶液,将接种工具浸泡2分钟,即达到消毒目的。

(4)新洁尔灭 是一种具有消毒作用的表面活性剂,使用浓度为0.25%溶液(用原液5%新洁尔灭50毫升,加水950毫升即成)。用于工具浸泡擦洗消毒。因不宜久存,应随用随配。

(5)升汞 即氯化汞,对人、畜的毒性很大,易被皮肤黏膜吸收,应避免长期接触。配制方法:取升汞1克,溶于25毫升浓盐酸中,再加水至1 000毫升,配成0.1%升汞水溶液,仅用于菌种分离材料的表面消毒。升汞属重金属盐类,应避免与铁制器具接触。

3. 接种无菌操作技术规程

一"放"——即把菌种瓶或袋、被接种的瓶或袋、接种工具、酒精灯、火柴等用品依次放入接种箱或接种室内。

二"灭"——即用甲醛、二氯异氰尿酸钠烟雾剂进行空间消毒。消毒之前应检查套袖是否卷起封严了袖口,发现其他漏气的地方,应用胶带或报纸、糨糊封严,密闭30分钟。

三"擦"——即用酒精、来苏儿擦拭不能用火焰消毒的皮肤、菌种容器及其他器具表面。

四"烧"——即用酒精灯灼烧接种工具、菌种的管口部分。

五"接"—— 即包含菌丝体的培养基转移,可根据菌种的状况决定用什么工具,或接种针,或接钟匙,或镊子。

六"清"——即把被接种的瓶或袋移走,把原菌种的空瓶或试管移走,再用酒精棉等消毒药棉把接种工具擦拭干净,摆放整齐,然后扫除箱底或地面菌种碎屑等杂物,达到卫生清洁状态。

(七)发菌培养管理技术

接种后的菌种在新的基质上吃料萌发,直至长透整个基质,这阶段为发菌培养。具体技术如下。

1. 养菌场所

接种后的菌袋进行菌丝培养阶段,其培养场所可采用以下几种。

(1)专门培养室 培养室的大小和数量,可根据生产规模而定。培养室要求干净、通风、光线暗、干燥。室内放置层架,用电炉、暖气片或火墙供热,门口挂棉门帘保温。控温仪与电炉配套使用,以保持温度的恒定,用干湿球温度计检测温度和湿度。

(2)简易培养室 可由闲置房屋改建而成,层架排放似专业培养室,基本无控温能力。

(3)恒温培养箱 用于培养少量菌种用。一般由专业工厂生产。为电加热式,可以根据需要的温度予以选择调节,自动控温,但容积不大。

(4)菇棚(房) 在生产条件所限,常将菌袋放在菇棚中发菌。处于不同批次的菌袋,可形成所需条件的交叉,为避免相互影响,用塑料薄膜将两区隔开。

(5) 露地发菌　将菌袋排在地势高燥的地方,要搭苫秸秆防阳光直射和注意覆盖塑料薄膜防雨淋。

2. 场所消毒

可采用甲醛进行空间消毒,时间 15 小时以上;也可采用硫黄燃烧产生二氧化硫,对杂菌有较强的杀伤能力。若增加空气湿度,二氧化硫和水结合为亚硫酸,能显著增强杀菌效果。每立方米空间用量 15 克左右。现常用二氯异氰尿酸钠气雾消毒剂烟雾熏蒸,其用量同接种空间消毒。

3. 养菌阶段特点

菌袋培养有其特殊性,栽培者应掌握好。

(1) 开放　培养室经常进行通风管理,杂菌则随空气的交换而流动,很难保持培养室的无菌状态,因此,培养室的消毒灭菌是一个经常性的程序。此外,还可通过正确调控温度、湿度,防止附着在菌瓶、菌袋上的杂菌侵入危害。

(2) 干燥　根据菌丝生长条件得知,培养室应为干燥的环境,因此在用杀菌剂消毒时,尽量用熏剂,少喷雾。培养室的湿度可因大量菌丝的呼吸作用而升高,应加强管理。

(3) 杀虫　菌丝特有的香味对某些害虫具有引诱作用,成了一些害虫良好的繁殖场所。菌瓶或菌袋封口处的塑料皱褶、菌袋破损是虫类进入料内的通道,甚至在生料的表面就粘附有虫卵,所以消毒的同时进行防虫杀虫处理也是日常管理的内容。培养室熏蒸灭菌的同时最好用 0.5% 敌敌畏一同熏蒸杀虫。

4. 养菌管理要点

(1)温度　温度决定菌丝的生长速度,即发菌快慢。这个温度一般是指瓶(袋)外的温度,即室温。然而,菌丝的代谢产生热,菌袋内的残存菌物(灭菌不彻底,或本来就有的,如生料)的代谢产生热,其结果是菌袋料的温度可能比室温高。这就说明了两个问题,一个是对于菌丝体的生长,监测料温更具实际意义;另一个是应根据室温的变化改变排袋方式和层数,做到低能升温、高能散热。熟料生产的菇类如金针菇,其菌袋热量仅来源于菌丝生长的代谢热,菌袋与室温的温差小些,垛5层时差别1℃～2℃。

(2)湿度　空气相对湿度低于60%,对菌丝的生长是适宜的,然而培养室内的菌袋的呼吸会释放水分,导致湿度的增大。湿度的增加对于菌丝的生长可能并无害,却可促进着落在瓶肩部、袋口内壁杂菌的萌发,杂菌以栽培料溶出物为营养,正是乘"湿"萌发,顺"湿"而入,从而造成发菌料的污染。利用菇棚作培养室的,在气温高时尤应注意降湿。

(3)通风　菌丝生长时会吸入氧气,排出二氧化碳,因此菌袋或瓶内很快就会形成过高浓度的二氧化碳。为消除其对菌丝生长的不利影响,对于熟料生产的菇类,常采用接种时添加棉塞的办法;对于生料生产的菇类,则采用缝衣针扎微孔(刺破即可)的办法,改善菌袋内外的气体交流。通风可补充室内的氧气不足,降低湿度,但也可改变室内的温度,所以其作用是多方面的,应综合室内外状况以决定操作的方式。

(4)控光　室外培养的菌袋,应采用搭棚、苫秸秆等方法避免直射光照射。

5. 发菌常遇问题及处理措施

菌丝培养阶段常发生异常现象,应及时采取相应措施加以处理。

(1)菌丝不萌发　发生原因:料变质,孳生大量杂菌;培养料含水量过高或过低;菌种老化,生活力很弱;环境温度过高或过低,接种量又少;使用复方多菌灵或多菌灵添加量过多,抑制菌丝生长;培养料中加石灰过量,pH 值偏高。

解决办法:使用新鲜无霉变的原料;使用适龄菌种(菌龄30～35 天),超过此龄的菌种也可,但失水不能过多;掌握适宜含水量,手紧握料指缝间有水珠但不滴下为度;发菌期保持棚温 20℃、料温 25℃左右为宜,温度宁可稍低些,切忌过高,严防烧菌;培养料中添加抑菌剂,多菌灵以 0.1% 为宜,勿用复方多菌灵药剂;培养料中添加石灰应适量,尤其在气温较低时生料添加量不宜超过 1%,pH 值 7～8 为适宜。

(2)培养料酸臭　发生原因:发菌期间遇高温时未及时散热降温,杂菌大量繁殖,使料发酵变酸,腐败变臭;料中水分过多,空气不足,厌氧发酵导致料腐烂发臭。

解决办法:将料倒出,摊开晾晒后进行堆积发酵处理,加入石灰调整 pH 值到 8～8.5;如氨味过浓则加 2% 明矾水拌料除臭,或用 10% 甲醛液除臭;如料已腐烂发黑,只能废弃作肥料。

(3)菌丝萎缩　发生原因:料袋堆垛太高,产生发酵热时未及时倒垛散热,料温升高达 30℃以上烧坏菌丝;料袋大,装料多,发酵热高;发菌场地温度过高,加之通风不良,料过湿且又装得太实,透气不好,菌丝缺氧亦会出现菌丝萎缩现象。

解决办法:改善发菌场地环境,注意通风降温;料袋堆垛发菌,气温高时,堆放 2～4 层,呈"井"字形交叉排放,或间隙排放便于散热;料袋发酵期间及时倒垛散热;拌料时掌握好料水比,装袋时做到松紧适宜。

(4)迟迟长不满袋　发生原因:袋两头扎口过紧,袋内空气不足,造成缺氧。

解决办法:用针扎孔。

(5)软袋　一般在料表面上有菌丝,但袋内菌丝少,且稀疏不紧密,菌袋软而无弹性。发生原因:菌种退化或老化,生活力减弱;高温伤害了菌种;料的质量差,料内细菌大量繁殖,抑制菌丝生长;培养料含水量大,氧气不足,影响菌丝向料内生长。

解决办法:使用健壮优质菌种;适温接种,防止高温伤菌;原料要新鲜,无霉、无结块,使用前在日光下暴晒 2～3 天,发生软袋时,降低发菌温度,袋壁刺孔,排湿透气,适当延长发菌时间,让菌丝往料内生长。

(6)袋壁布满豆渣样菌苔　发生原因:培养料含水量大,透气性差,引起酵母菌大量孳生,在袋膜上大量积聚,形成豆腐渣样菌苔,布满袋壁,料出现发酵酸味,影响菌丝继续生长,此种情况尤以玉米芯为培养料时多见。

解决办法:用直径 1 厘米削尖的圆木棍在料袋两头往中间扎孔 2～3 个,深 5～8 厘米,以通气补氧。不久,袋内壁附着的酵母菌苔会逐渐自行消退,姬菇的菌丝会继续生长。

(7)菌丝未满袋就出菇　发生原因:菇棚内光线过强或昼夜温差过大刺激出菇。

解决办法:注意遮光和夜间保温,改善发菌环境。

（八）出菇管理要求

出菇是发育良好的菌丝体在适宜的环境条件下，实现从营养生长到生殖生长的转变，最终获得子实体的过程。

1. 出菇场所

出菇室内场所，称菇房（棚）。菇房的作用在于形成以高湿度为特点的局部环境。菇房可以专门建造，也可以利用现有房屋改建。按建房屋场地水平位置的差异，可分地上式和地下式两种类型。按建房所用的材料，可分为茅草凉棚、塑料大棚，以及土木、石木、钢筋水泥结构的标准菇房。按控制培养条件的性能高低区分，有现代工厂化菇房和简易菇房。现行姬菇栽培常见的菇房有以下几种。

（1）屋式菇房　是目前栽培姬菇最基本的一种设施。砖木结构菇房一般长 8～20 米，宽 8～9 米，高 5～6 米，屋顶装有拔风筒，前后设门和窗。上窗低于屋檐，地窗高出地面。一般 4～6 列床架的菇房可开 2～3 道门，门宽与走道相同，高度以人可顺利进出为宜。地上式菇房利于通风透光，但不利保湿，温湿度难以控制（图 5-2）。

（2）日光温室　是高投入、高产出、高效益的农业设施，有良好的采光性和保温性，在北方姬菇生产上广为应用。日光温室适宜发展姬菇的区域在北纬 32°～43°之间，北京、天津、内蒙古、山东、河北、河南、宁夏、辽宁等地较适用。日光温室在 12 月至翌年 1 月，虽然外面气温较低，但室内可以不低于 8℃，一些地区尽管寒冬出现－10℃以下的低温天气，只要保温设施好，室温也会保持在 10℃左右，使姬菇子实体仍生长正常。日光温室选地应在向阳的地方,规格一般宽6～8米,长50米,最长100米,其墙体结构可以是土墙、砖墙,以土墙保温效果最好。近年来各地推广新型菇房,结构合理,适于姬菇生产,见图5-3。

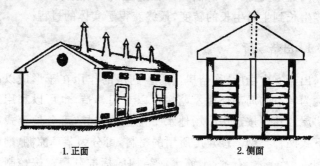

1.正面   2.侧面

图5-2　地上式菇房

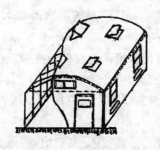

图5-3　日光温室

(3)塑料菇房　是以塑料作遮掩主体的菇房,又称塑料菇棚。依据形状及框架结构,可分为拱式、墙式和环式三种。

①拱式塑料菇房　以每5根竹竿为1行排柱,中柱1根

高 2 米,二柱 2 根高 1.5 米,边柱 2 根高 1 米。排竹埋入土中,上端以竹竿或木杆相连,用细铁丝扎住,即成单行的拱形排柱。排柱间距离 1 米,排柱行数按所需面积确定。塑料菇房见图 5-4。

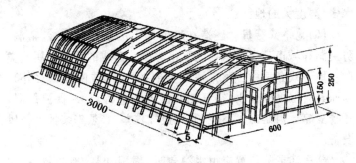

图 5-4 塑料菇房 (厘米)

②**墙式塑料菇房** 仿薄膜日光温室设计,能借助日光增温。菇房三面砌墙,顶部和前面覆盖塑料薄膜,后墙高 2 米,或距后墙 0.7～1 米处再起中脊,两面山墙自后向前逐渐降低。在棚内埋立若干自后向前高度逐渐递减的排柱。柱上端用竹竿或木杆连接起来,形成后高前低一面坡形的棚架。然后覆盖塑料薄膜并以绳索拉紧,两侧墙留棚门。

③**环式塑料菇房** 又称圆拱式薄膜菇棚。棚架材料可用竹、木或废旧的钢材,一般中拱高 2.5～2.8 米,周边高 1.5～2米,宽 5～6 米,长依面积定。框架搭好后覆盖聚乙烯薄膜,外面再盖上草帘,以防阳光直晒。东西侧棚顶各设一个拔风筒,棚的东西两面正中开门,门旁设上下通风窗。棚外四周 1 米左右开排水沟,挖出的土用来压封薄膜下脚。

(4)简易菇房 结构简单、实用而投资小的菇房,此种菇房无一定规格,可以根据生产条件和经济能力灵活掌握,其柱脚或用砖砌成,或埋立竹、立木而成,高2~2.5米,竹竿、木杆作梁、檩、椽,中间微拱,以利排水,顶部覆塑料薄膜,四周或围以芦苇,或悬以草苫,或吊以遮阳网。该棚透气性好,适于雨水多、湿度大的地区。

(5)地下式菇房 建造在地面以下的菇房。地窖、窑洞、防空洞和城市高层建筑物地下室等改造建成的菇房均属此类型。地下式菇房由于整个建筑全部在地下(或除屋顶之外),因而具有湿度变化小、空气相对湿度大等特点,易保温保湿,冬暖夏凉。但是出入不便,通风换气较差,必须安装抽风排风设备。

菇房建造的位置应距水源较近、周围开旷、地势较高、利于排水,方位应坐北朝南,有利于通风换气,冬季还可提高室内温度。屋顶及四周墙壁要光洁坚实,除通风窗外尽量不留缝隙,以利清扫和冲洗消毒。通风窗应钉上60目以上的尼龙纱网,以防老鼠、害虫蹿入。必须有良好的通风换气设备,房顶上最好设拔风筒,墙壁开设下窗和上窗。菇房还应设有贮水、喷水以及温湿度监测装置。

2. 菇房消毒杀虫

菇房在菌袋尚未进房前,必须严格消毒杀虫。可用甲醛熏蒸或硫黄熏蒸,或用浓度(0.1%~1%)克霉灵对菇房四壁、立柱、架板重点消毒;也可用低浓度(0.02%~0.05%)克霉灵喷雾杀菌降尘。克霉灵喷雾可以结合上水加湿反复进行,不会对菇体产生毒害作用。还可用敌敌畏熏蒸。敌敌畏是一种高效、速效、广谱的有机磷杀虫剂,具有熏蒸、胃毒和触杀作用,剂型有80%乳油和50%乳油,对常见害虫如菇蝇、螨类均有良好防治效果。敌敌畏蒸气压较高,对上述害虫亦有极强的击倒力。姬菇子实体对敌敌畏很敏感,在出菇前后应避免使用,以免产生药害。熏蒸时间的长短,以室温来确定。在21℃~25℃熏蒸 24 小时;如室温只有 11℃~15℃,则要 48小时。熏蒸结束启封时,应充分通风后再进入。

3. 出菇阶段特点

(1)潮湿 姬菇形成原基,发生与分化成子实体,此阶段与发菌培养在生态环境的要求上大有差别。自然界是雨后出菇,湿热出菇,没有这样的条件,菌丝体也只能蛰伏地下,即使出菇也常是朝生暮死,为的是躲避不良的干燥气候,尽快产生孢子,繁殖后代。人工栽培的子实体,亦会随着湿度的降低而萎蔫,随着湿度的陡降而死亡。

(2)杂菌侵染 子实体生长发育期间,还会由于遭受某种有害菌物的侵染,致使新陈代谢受到干扰,在生理和形态上产生一系列不正常的变化,从而降低产量和品质,这种由病原微生物侵染寄主引起的子实体病害常会伴随整个出菇过程。

(3)子实体菌丝体唇齿相依 菌丝体处于由瓶或袋隔开的单元中,其菌丝中贮存的营养源源不断地流向子实体,而又得不到及时补充;菌丝体与子实体同处一环境,这个环境利于后者发生发育而不利于前者,这都导致菌丝体活力的降低,甚至感染病害。一些病害只发生于菌丝体或子实体,还有一些病害是同时侵染菌丝体和子实体,所以,如何保持菌丝体旺盛活力则成为获得高产的前提。常用的方法一是改善不良环境因子,二是中途注水和补充营养物质。

4. 出菇管理关键点

(1)湿度决定出菇与否　如上所述,在合适的温度范围内,出菇与否决定于空气湿度是否适宜;出菇原基数量的多寡,取决于空气湿度的高低。空气湿度对子实体发生阶段与生长阶段有着不同的作用。撑开口的菌袋或瓶,在高湿度作用下,菌丝在料的整个端面纽结;随着湿度的降低,原基形成区域逐渐向端面周边转移,形成层由表层向深层转移,失水板结的料面则很难出菇。湿度对于形成后的子实体作用,主要是维持菇体从菌丝吸水和蒸腾失水的平衡。菇房空气相对湿度不宜超过96%,否则易招致病菌孳生,也将过分抑制菇体的蒸腾作用,而蒸腾作用对细胞原生质和营养物质运转都有促进作用,所以,湿度过高反而使菇体发育不良。

(2)温度决定出菇快慢　在适宜的湿度范围内,温度决定子实体发育的快慢。常用控温的办法调整销售的黄金档期或货架滞留期。一般高温下形成的子实体组织疏松,菇体形态对外界因子的变化反应敏感;低温下形成的子实体组织致密,菇体形态对外界因子的变化反应迟滞,这一点对初学种菇者很有意义,可以低温求稳。与养菌的情形相似,在利用料温调整菇体生长速度的同时,还应防止温度过高而损伤菌丝体活力的状况发生。

(3)氧与二氧化碳决定菇体形态　氧气在空气中占的比例是21%,二氧化碳占的比例是0.03%。菌丝体和子实体在代谢活动中吸收氧气,呼出二氧化碳,故菇棚气体中氧气与二氧化碳浓度不断产生变化,变化的结果是氧气浓度的微小降低导致二氧化碳浓度的急剧变化。而菇体对二氧化碳浓度的变化是敏感的,其对菌盖的扩展生长表现为抑制;对菌柄的伸长生产是低浓度促进,高浓度抑制。姬菇需要的正是以长菌柄、小菌盖为特定形态的商品性状,所以二氧化碳的蓄积和释放具有特殊意义。

5. 出菇常见难症及采取措施

(1) 迟迟不出菇　发生原因:袋温形不成 5℃ 以上温差;菇房湿度太低,或不恒定;端面菌皮太厚太硬;害虫危害。

解决办法:高温时段出菇的菌袋应稀疏排放,使菌袋放热散发出来;做到早晚气温低时通风,延长通风时间,人为地拉大昼夜温差,促使菌丝纽结,形成原基。若空气相对湿度太低,可采取喷水、洒水等办法提高湿度,并使之稳定在 85% ～ 95%,保持菇房如同刚降过雨一样,空气潮湿而又新鲜。菌袋发菌期过长,中间穿孔过大,采用大开口法开袋,或催蕾期通风过大,均导致两端菌皮太厚太硬,阻碍出菇,对此可直接往料端喷雾,使料潮湿而不浸水,或者用铁丝制成的小铁耙挠菌。害虫为害的菌袋,在端面及菌袋周身能看到筛网或麻脸状的菌皮,一般是跳虫或蚤蝇为害造成的,可用 0.1% 鱼藤精、除虫菊直接喷施料面。

(2) 菇体长势变形　菇体状如花椰菜。发生原因:菇房通风条件极其不良,二氧化碳浓度在催蕾期过高,大于 0.25%。

解决办法:改善菇房通风条件,坚持早晚低温时通风,利用棚内外温差,加速二氧化碳扩散,保持山墙两端风口处于常开状态。

(3) 菌柄或料面披白毛　发生原因:温度过大,通风不良。

解决办法:菇体菌柄被白毛多见于丛生过密的菇体,料端面被白毛多见于转潮注水后的菌袋,二者发生的条件相似,前者是局部湿度大、不通风,后者是整体湿度过大。对于丛生过密的菇体,可以成熟一部分采摘一部分,勿使重叠、不透风透气;料袋注水后,一定要加大通风量,风干地面积水和菌袋沥水,在氧气充足的环境下促使菌丝恢复。

(4)菇体变色 有蓝色菇、红色菇、烟熏色菇等。发生原因:蓝色菇是菇体一氧化碳或二氧化碳中毒;红色菇是袋内温度高,外界水珠刺激菇体,水珠在菇体上变为黄红色而成;烟熏色菇是菇房见了烟,菇盖受烟熏而形成。

解决办法:菇房加温时不用明火加温,用暗火加温,生煤火加温一定安装煤气管道,并经常通风,将一氧化碳及二氧化碳排出棚外。拌料时加水量不能太大,已形成袋内积水的应及早将水排出,加强通风,勿使菌盖上长期积留水珠。

(5)菇体干涩萎黄 发病原因:幼菇长时间处于风口或直射光下,表现为菇体干涩萎蔫黄变;伸长期菇体外观正常,基部着生处松动变软,稍碰触即掉下来;高温时段出菇,菇体黄变,有黏滑感。

解决办法:看菇体的状态通风,做到菇大多通,菇小少通,可分段揭膜,刚揭膜的原基不通风,外界有风时不揭迎风口。闷棚和捂棚多见于盛菇期,此时菇体代谢旺盛,产出的二氧化碳及热量多,若1~2天忘记揭膜通风,极易出现二氧化碳中毒死亡和高温烧菌死亡,前者俗称为闷棚,后者称为捂棚。高温高湿易造成菇体染病,因此高温时要加强通风降湿,尽量不往菇体上喷重水和不洁净水,杜绝交叉感染,染病的菇体可用抗菌药物治疗。

六、姬菇规范化栽培新技术

（一）防空洞周年栽培姬菇技术

我国各地有许多人防设施（防空洞），山区可以利用自然山洞，结合其夏凉冬暖的特点，实现姬菇周年栽培，这为姬菇产业开拓了一条新的栽培途径。

利用防空洞栽培姬菇，应掌握好以下技术。

1. 季节安排

防空洞内温度，一般长年保持在18℃～23℃，洞内比较潮湿，空气相对湿度95％左右，而姬菇子实体生长在5℃～22℃均可。常规栽培在夏季（7～8月），气温大多超过28℃，且温差幅度较小，很难出菇，此时可将生理成熟的姬菇菌袋移入防空洞进行"冷刺激"，诱导原基的形成，然后再移到洞外栽培场所，进行出菇管理。在寒冷冬季（12月至翌年1月），由于气温低于5℃，难以出菇，此时可将菌袋从洞外栽培场所，移入防空洞内进行出菇管理。

2. 夏季出菇管理

将菌袋搬到防空洞进行低温处理，当菌袋中间温度达到20℃（即防空洞内温度），就可以在翌日上午搬回菇房内排放，中午关闭门窗2～3小时后通风，并采取微喷降温方式，使棚

（房）内温度下降,经过 3～5 天培养,便可形成菇蕾。夏季子实体生长发育管理,应侧重于降温通风工作,特别是高温时一定要做好降温通风工作,通常采用先喷水后通风,保持菇棚内有足够的新鲜空气,促进子实体生长发育。但菇棚空气相对湿度不宜低于 85%,否则菇盖颜色偏白,降低其品质。转潮后的菌袋可再搬到防空洞内,以刺激原基的形成。

3. 冬季出菇管理

防空洞内温度 18℃～22℃适合姬菇生长发育,可将菌袋移到防空洞内进行出菇管理。每潮菇采收完毕需搬到洞外栽培场所进行温差刺激 2～3 天,诱导原基的形成。防空洞内子实体生长发育管理,应侧重于通风工作,菌袋排放不要离洞口太远,以免造成通风不良,导致死菇或畸形菇,必要时需安装排气扇等通风设施。注意通风时不能让风直吹菇蕾。在洞内的顶端每隔 10 米左右,还要安装一盏 15 瓦灯泡,灯泡功率不要太大,以免影响子实体的品质。湿度低时可适当喷空间水,湿度高时可利用排气扇等通风设施排湿。

（二）半地沟塑料拱棚栽培技术

等高半地下地沟拱棚是我国北方冷凉干燥地区广为使用的一种姬菇栽培设施,突出效果是商品菇率高,效益显著。培养料的处理是以生料为主、发酵料为辅。

1. 棚体要求

菇棚宜东西走向,前后墙深（高）为 1.35～1.45 米,宽4.8 米,按容纳 2 500 千克棉籽壳栽培料设计,长 11 米,中拱高 2.5 米,第二级拱高 2.25 米,第三级拱高 2 米,山墙各设 3 个 12 厘米×12 厘米通风孔,呈"品"字形排列。用圆木、竹竿、竹劈作架,呈圆拱形,上覆整块农用薄膜,膜用压膜线或绳固定,膜上覆盖麦秸。棚的一侧或中心留东西走道,宽 80 厘米,用砖铺成南北向垛底,垛底宽 37 厘米,垛间中心距 1 米,边垛距墙 0.5 米,垛底与两侧地面略呈畦状。

该菇棚的设计力求体现在保温、保湿、保持二氧化碳基础上均衡的调控能力,特点概括为"四定":①定等高。实现了菇棚前后侧揭膜管理上的等效性。②定深度。等于设定了二氧化碳最大积累浓度。③定宽度。即便单侧通风时,风力亦能到达棚内每个角落。④定常设风口。像两个鼻孔,能有效遏制通风间隙内二氧化碳的过度积累。具有既保温又不烧菌,既积累二氧化碳而又不产生毒害的效果,对于优质姬菇的形成提供了设施保障。

菇棚场地应选择地势高燥、空旷、向阳,而且地下水位较低的地方。土质以壤土或黏土为好。菇棚建造前,先用大水浇灌,待水渗入土内,稍干再挖。把挖出的土存放于地沟四周,拍夯成沟壁的地上部分。该棚造价 350 元,一次能装菇袋 2 800 个,投干料 2 500 千克,纯收入 4 000 元。适于最低气温在 -12℃ 以上,气候干燥的地区使用。

2. 培养基配制

(1) 配方 常用培养基配方有以下几组,栽培者可因地制宜,就地取材,选择性取用。

配方 1:棉籽壳 88.5%,麸皮 5%,尿素 0.3%,硫酸镁 0.1%,石灰 4%,石膏 2%,多菌灵 0.1%(或克霉灵 0.07%),料水比 1:1.20～1.40。

配方 2:棉籽壳 87.6％～88.6％,麸皮 5％,玉米面 2％,尿素 0.3％,硫酸镁 0.1％,石灰 3％～4％,石膏 1％,料水比1：1.20～1.40。

配方 3:棉籽壳 48.5％～68.5％,玉米芯(黄豆至蚕豆大小)40％～20％,麸皮 5％,尿素 0.4％,硫酸镁 0.1％,石灰4％,石膏 2％,料水比 1：1.30～1.50。

配方 4:棉籽壳 48.4％～69.8％,黄豆秸(铡成 1～2 厘米长)40.5％～20％,麸皮或米糠 5％,硫酸镁 0.1％,石灰3％～4％,石膏 2％,多菌灵 0.1％(或克霉灵 0.07％),料水比1：1.20～1.40。

配方 5:玉米芯 83％,麸皮 12％,石灰 4％,石膏 1％,多菌灵 0.1％,料水比 1：1.40～1.60。

配方 1、配方 4 适宜气温较高时栽培;配方 2、配方 3、配方 5 适宜气温较低时栽培。栽培料的水分在气温低时可适当多一点,气温高时要少一点;配料中玉米芯、秸秆比例高的可多一点。

(2)培养料处理 根据原料性质分别处理,原料中有玉米芯、黄豆秸的,最好堆积过夜,使其质地变软,装袋时不扎手扎袋。发酵料栽培的,将配好的料按料水比 1：1.2～1.5 拌匀,将料堆成宽 1.2 米、高 1 米,长不限的料堆,每隔 30 厘米左右,用木棍扎通气眼到底,以利通气,然后料堆上覆盖麻袋或塑料薄膜。当料堆中上层温度升到 55℃～60℃时维持 12～24 小时,然后翻堆,内倒外,外倒内,继续堆制发酵,使料堆中心温度再次升到 55℃～60℃,维持 24 小时,再翻堆 1 次。经过 2 次翻堆,培养料开始变色,散发出酵香味,无霉味和臭味,发酵即告结束。纯玉米芯料还要经过 2 次翻堆。然后用 pH值试纸检查培养料的酸碱度,再用石灰调整 pH 值为 8 左右,待料温降到 30℃ 以下时即可装袋接种。采用发酵处理时,多菌灵等杀菌剂要在发酵结束、装袋之前添加拌匀。

堆制发酵时,常吸引菇蝇、家蝇等害虫在料上产卵,其孵化的幼虫将为害菌丝体的生长,在翻料时可用敌敌畏 500 倍液喷洒杀虫。

3. 装袋接种

(1) 塑料袋微孔预处理　用折径 20～22 厘米、厚 0.015 毫米的聚乙烯筒料栽成 45～48 厘米长的料袋,塑料袋每 20 个为一叠,用缝纫机空针纵向轧四道透气孔,透气孔间距 1 厘米左右,用大头针将袋一头别好,或用塑料绳扎紧一端袋口,即可装袋。

(2) 端放料法接种　接种前将菌种掰成红枣至核桃大小备用。姬菇栽培种接种与装袋同时进行,一般采用五层料、四层菌种或四层料、三层菌种的层播法。袋两头的培养料厚 2 厘米左右,中间料料层分布均匀,菌种尽量贴着袋壁,边装料播种边按实,播种量一般占干重的 15%～25%。装完袋后还可在菌袋中间扎直径 1.5 厘米的透气孔,然后用大头针别住袋口或用塑料绳扎紧。端放料菌袋形成的原基均匀整齐,紧贴料面,采摘时不易带料、损伤料面影响下次菇形成。

(3) 操作技术规范　装袋与接种要严格按操作规程进行。装袋一半时,要把料再充分拌 1 次。料的湿度以用手握料指缝间见水渗出而不往下滴为适中,培养料太干或太湿均不利于菌丝生长。装袋时,要做到边装袋、边拌料,以免上部料干而下部料湿。袋的粗细、长短要一致,便于堆垛和出菇。装袋时要轻装轻压,用力均匀,防止薄膜袋破损。要注意松紧合适,一般以手按有弹性,手压有轻度凹陷,手托挺直为度。压得紧,透气不好,影响菌丝生长;压得太松,则菌丝生长散而无力,在翻垛时易断裂损伤。接种时选用菌丝洁白、粗壮、浓密、交织成块的优质菌种;菌种不宜掰得太大或太碎,以核桃大小为宜。做到当天拌料,当天装袋接种完毕,不要过夜,尤其在高温时,以防料发酵变质。

4. 排袋发菌管理

接种后的料袋搬运到菇棚内,在畦床上发菌。发菌时的气温大多在 13℃～25℃ 之间,料温很容易上升到 22℃ 以上,即绿色木霉暴发时的温度。故菌袋排放一般做疏排处理,有间隙和"井"字形两种排法。间隙排法是排放时,袋与袋之间预留 4 厘米间隙,码放 3～5 排,上层菌袋的针刺孔对准下层菌袋缝隙;"井"字形排袋,是将菌袋交叉叠排。这两种排法均利于散热。另外,垛与垛之间还要留出一定的空地,以便翻堆倒垛。采用露地发菌时,发菌的场地要求干燥、洁净、凉爽,堆垛上要盖一层草帘或秸秆遮荫,雨天要加盖塑料薄膜,雨后揭膜,相反的,投料晚,低温发菌时,则以保暖增温措施为主。这时畦床上应铺上一层稻草或玉米秸,以免下层温度太低影响发菌,同时增加垛高,堆放 10～12 层,上面再覆盖秸秆或草帘保温,提高堆温,促进菌丝生长。发菌管理的要点有如下几点。

(1)保持温度　堆垛发菌后,要定期在料袋间插温度计观察堆温,注意堆温变化。发菌适宜温度为 18℃～25℃,高于 28℃ 时,应及时散堆,加大通风量,防止高温烧坏菌丝和污染加剧;低于 15℃ 时,应设法增温保温。

(2)通风换气　菇棚每天通风 2～3 次,每次 30 分钟,气温高时早晚通风,气温低时中午通风。

(3)保持干燥　菇棚内空气相对湿度以低于70%为好。

(4)光线要暗　弱光有利于菌丝生长。

(5)翻堆检查　堆垛后每隔5～7天翻堆1次,将下层料袋往上垛,上层的往下垛;里面的往外垛,外面的往里垛,使受温一致。翻堆时发现有杂菌污染的料袋,应将其拣出;发现有菌丝不吃料的,必须查明原因,及时采取措施处理。

(6)通气补氧　采用两头扎口封闭式发菌,在发菌早期,袋内含氧量可以满足菌丝生长的需要。随着菌丝生长量增大,袋内供氧量不足,就会影响菌丝正常生长。当接种后10～15天,袋两头菌丝各长进料内2～3厘米时,可在菌丝生长线后部1～2厘米处用大头针(缝衣针)围绕菌袋等距离刺孔8～10个,或用削尖的竹筷由袋口往里扎3～4个孔;或将袋两头扎紧的绳稍加松开,利用松绳后袋口薄膜的自然张力,让新鲜空气进入袋内,以通气补氧,促进菌丝健壮生长。

(7)预防鼠害、虫害　防止老鼠咬破袋,引发杂菌污染。还要对发菌场所进行经常性的灭虫驱虫。

5. 开口增氧催蕾

(1)顺次排袋　发菌阶段在温度25℃左右,空气相对湿度60%左右、暗光和通风良好条件下,一般经25～30天,菌丝即可长满袋。当部分菌袋出现子实体原基时,表明菌丝体已经成熟,可适时转为出菇管理。菇棚消毒、灌小水浸湿晾干后,按菌袋菌丝成熟早晚顺次整齐地垛放于畦床,垛高7～8层,正在发菌的袋可不排放。气温尚高时,菌袋间亦应间隙排放,也可在层与层之间用细竹竿隔开以利散热。

(2)开口催蕾　开口的工具是用一根小木棍绑缚的半片刮脸刀片。开口时,沿端面塑袋边划两个半圆,形似正反双

"C"。双"C"接口处不划开,仍保持相连。之后用手轻提袋口,使塑膜与料面形成缝隙,进入新鲜空气,这样就形成既透气又保湿有利于菌丝纽结现蕾的小气候。小气候的湿度主要由菌丝呼出水分形成,因此,除非棚内土层过干,否则不用格外加水增湿。开口的次序依入棚顺序决定,一般每次开 2~4 垛,间隔至 5~7 天,着意形成顺次开袋的局面。这样,一方面能控制棚温和二氧化碳的急剧上升,降低管理难度,还能使采菇不过于集中,减轻采菇压力。

6. 出菇管理技术

子实体生长阶段分期管理的总原则:桑葚期促进原基多分化,珊瑚期保原基多存活,伸长期保柄、盖按比例生长形成优质菇。

(1)掌握不同生长期 桑葚期温度控制在 3℃~20℃,最适 6℃~12℃。早晚无直射光或暗光时揭膜微通风,制造 5℃~10℃温差进行刺激,空气相对湿度保持在 80%~85%,这样经 6~7 天,就有大量原基形成。珊瑚期时,菇蕾布满料面出现菌盖分化后,可把双"C"塑料膜片逐渐提起撕掉。这时空气相对湿度应恒定在 85%~90%,撕去护膜的幼菇最怕风吹失水,这一时段内要尽力减少温差、湿差,所以早晚通风时风口要随菇体发育渐渐增大,菌盖长至 0.6 厘米时即可转入伸长期。伸长期时,通过加大风口和延长通风时间,制造干湿交替环境(75%~90%),大温差(5℃~20℃),促使子实体敦实肥厚,以提高产量。

(2)拉大温差刺激 姬菇是变温结实,只有加大温差才能正常出菇。利用凌晨和午夜气温低时加大通风,造成 5℃ 以上的温差,刺激出菇。力争控制在 6℃~12℃ 或偏低的棚温,这样菌袋温度就能保持在 10℃～18℃。降低袋温在头潮管理中非常重要。头潮菇丛密实,阻碍了菌丝体、子实体生长代谢热的散发,而且越是如此,菇体生长越快,温度上升愈剧烈。此时若恰遇较高的气温和大批次开袋,常致棚温袋温迅速升高以至烧袋死菇,即捂棚,捂棚的菌袋菌丝活力丧失,不再出菇。冬季天冷棚温过低时,可借揭去覆盖物进散射光晒棚升温。

(3)湿度恒定稍有变化 姬菇生长时适宜的空气相对湿度为 85%～90%。湿度的来源是棚内墙体地面蒸发、菇体蒸腾作用和人工洇水。地沟拱棚的蒸发和保湿作用是很强的,仅在每潮头次菇采收后,因菇体蒸腾作用停止造成低湿度时需大幅加湿。加湿时只往地面洇水,并要注意温度情况,温度高时湿度不可太大,否则,高温蒸腾作用强,易产生高湿,导致闷棚现象的发生。随着菇体的长大,可针对这部分菇体加大通风,造成 75%～90%的湿度差,除促进子实体敦实肥厚外,还能使菇根萌发菌丝少,显得清秀不粘连。

(4)光线微弱 姬菇的发生需要光照刺激,光照强度一般小于 40 勒克斯,即晴天早晨东方泛起鱼肚白时的强度。温度高时,光照强度可大至 200 勒克斯,即晴天阴面室内的光照强度。进光通过撩揭塑料薄膜覆盖物来实现,但要双侧同时进光或单侧交替进行,以防止菇体向光性弯曲。注意,刚揭膜的原基不能照直射光,以免把菇体晒死。

(5)通风换气 通风换气是姬菇生长的必要条件,整棚菇体呼出二氧化碳的量是非常大的,若不及时排出,就会形成柄肚大、帽尖细的畸形菇。长时间不通风,二氧化碳浓度过高,菇体就会发生二氧化碳中毒死亡,称为闷棚。死菇剔除后还能再转潮。通气的方法就是揭膜通风。

通风是温度、湿度、空气调控的总闸门,是维持棚内环境稳定均衡的重要措施。在姬菇生产中是一个经常性的工作,核心是利用棚内外温差,缓慢扩散为主,不带来剧烈的变化。通风方法是"一靠山墙风常通,二靠前后侧揭膜补充"。具体操作上以"六看六通"为准则,即一看菇多少,菇多多通,菇少少通;二看菇体发育期,伸长期的多通,珊瑚期的少通,刚揭膜的可不通,与顺次开口相结合,哪一段菇多就通哪一段;三看盖柄比例,盖小时多通,柄短时少通;四看棚温,棚温高时长通,棚温低时短通;五看棚湿天气,棚内外温差大,冷凝水多时多通,大雾天气长通;六看风向,无风时双侧通,有风时单侧通,不揭迎风口。

(三)高寒地区日光温室栽培技术

我国北方高海拔地区有许多日光温室,可以用于发展姬菇栽培。甘肃省高海拔地区的日光温室平均气温为 10℃~12℃,适于中低温型品种的姬菇,且产量高、品质好,每 667 平方米纯收入可达 2 万~3 万元,因此很快形成特色产业。这里将甘肃省农业科学院蔬菜研究所耿新军研究的栽培技术整理介绍如下。

1. 栽培季节与品种选择

根据日光温室的环境特点,一般选择在 9 月中旬拌料接种,11 月初至翌年 2 月进入出菇。品种宜选用耐寒性强,产量高,菌盖褐色、圆整,菌丝粗壮和抗杂菌力强的菌株。

2. 培养基配制

一种配方是:棉籽壳 89%,麦麸 5%,尿素 0.3%,硫酸镁 0.1%,石灰 4%,石膏 2%,克霉灵 0.1%,料水比 1∶1.2～1.4。另一种配方:棉籽壳 48.5%～68.5%,玉米芯 40%～20%,麦麸 5%,尿素 0.4%,硫酸镁 0.1%,石灰 4%,石膏 2%,料水比 1∶1.3～1.4。

配制时先把石灰、尿素等加入水中溶解成混合液,然后加入料中拌匀,集堆成高 60～80 厘米、宽 120 厘米不限的梯形堆,然后将料堆闷 24 小时以上,以便水分充分浸润到料的内部,含水量约为 60%。

3. 装袋灭菌

塑料袋选用聚丙烯或聚乙烯塑料薄膜均可,直径为 22 厘米,长 48 厘米,厚 0.045 厘米。将堆闷好的培养料装袋,每袋干料重约 1 千克,要求松紧适度,以手捏有弹性、不松软为宜。装好的菌棒两头用细绳扎紧,而后进行高温灭菌。装袋后,将菌棒放入灭菌锅中,经 4～6 小时袋内中心温度升至 90℃ 以上,然后进行常压灭菌 24 小时。

4. 接种培养

灭菌达标后趁热出锅放置于接种室,并用气雾消毒剂熏蒸,待菌袋温度降至 25℃,接种室内气味消散后接种。接种时接种针用 75% 酒精消毒处理,选用菌丝健壮、洁白、无污染的适龄菌种两头接种。接种后,在袋口套上硬质塑料项圈(项圈直径 4～5 厘米、高 1.5～2 厘米),再将塑料薄膜翻出来,用报纸、聚丙烯膜封口,外用橡皮筋将报纸紧缠在项圈上。接种后的菌袋置于通风阴凉处,温度控制在 18℃～25℃,空气相对湿度控制在 70%～75%。室内空气要新鲜,不能有异味,并保持黑暗。每隔 10 天将菌袋按上下左右调换倒垛,以利均衡发菌,同时检查菌袋内的温度,当温度达到 28℃时应立即通风降温,以防烧菌。发菌过程中,发现有污染的菌袋须及时拣出处理。40 天左右菌丝即可长满全袋。

5. 出菇管理

(1)消毒整畦 日光温室消毒在晴天密闭高温闷棚,用气雾消毒剂进行熏蒸。在地面上做高 8～10 厘米、宽 25～30 厘米的畦,各畦间相距 50 厘米,在畦面上撒一层生石灰。温室内设置双层遮阳网,以免日后增温时阳光直晒菌袋,造成菇体畸形或死亡。

(2)菌袋码垛 菌丝发满袋即可入棚码垛,由北向南将菌袋码在畦面上,垛高 8～10 层,管理以控温保湿为主,注意通风换气、散光诱导,以促进子实体的形成。当菇蕾形成后,及时去除菌袋两端的聚丙烯膜或报纸,使之出菇。

(3)生态控制

①温度 充分利用自然温差对菌丝进行变温刺激,以利原基形成。姬菇子实体温度在 4℃时就可以生长发育,以 8℃～10℃为宜,因此要根据气候条件增减日光温室的光照时间("三阳七阴"为好),尽量满足其所要求的温度条件。

②湿度 空气相对湿度可控制在 90%～95%,在畦边挖一条深 5 厘米、宽 10 厘米的小沟,为提高室内湿度,可向沟内浇水,出菇期须每 1～2 天用喷雾器向空气及菇面喷水 1 次,以加大湿度。

③通风 子实体生长发育需要良好的通风条件,严冬季

节气温低时,以中午通风为主,每天通风 1～2 小时;春季气温高时,除白天通风外,晚上也须打开通风口通风换气,但通风量要小,避免直吹菇体。

④光照　出菇期菇棚的光线强,菌盖生长快,菌柄生长相对较慢;光线弱则相反。应提供散射光,因菇柄生长有向光性,可避免柄向一边斜。具体方法为用遮荫物将光线调节到白天报纸上的字均能看清为度。

6. 提高姬菇品质关键措施

外商对姬菇的商品性要求很高,一等姬菇菇盖直径小于2.5 厘米,要求菇盖肥厚,菇柄实心。商品性好的姬菇,既畅销,价格又高。这样在栽培上就要求生长出个头小、数量多、敦实肥厚的子实体。辽宁省屈国良(2008)根据姬菇的生物学特性,探索了提高姬菇商品性的技术要点。主要是在原基分化、形成菇蕾、子实体生长三个不同生长发育阶段,改变温度、湿度、通风这三个主要环境条件来实现。

(1)原基分化期温差刺激　在菌丝发透和每采收完一潮菇的发菌后,把环境温度降低 5℃～10℃,促使料面菌丝倒伏,停止伸延,充分纽结,形成菌丝交织物而分化出大量子实体原基。

制造温差的方法:现代化栽培方式,可利用空调降温;一般场所栽培,可利用昼夜温差降温。用阳畦栽培的,晚上将阳畦的草帘卷起,敞开塑料薄膜,往料面上喷雾状冷水,让夜间的冷凉空气吹袭料面,早上自然温度回升前,再往料面上喷水(以料面不积水为度),然后再把塑料薄膜、草帘盖好,并用木棒将塑料薄膜支起 10～15 厘米高,做阳畦的通风口。以室内和大棚做栽培场所的,晚上将门窗、通气孔全部打开,使室内

(棚内)空气对流;没有南北(或东西)对面窗的要增设对面窗,以利夜间的冷凉空气充分进入室内,早上自然温度回升前,再关闭门窗及通气孔。一般经5~7天的降温,即可在料面上分化出大量子实体原基。

(2)姬菇形成稳定环境 姬菇在菇蕾形成的阶段,对不利环境条件的适应性较差。若空气相对湿度短时间内较低时(低于75%),菇蕾易干死。如料面积水超过1夜,菇蕾易腐烂。如遇有强风吹袭1夜,菇蕾会发黄萎缩,造成部分菇蕾死亡,菇体数量少,菇朵大,影响了商品性,虽然没减产,但效益降低。所以,这一阶段栽培场所内要尽量减少温差、湿差和夜风吹袭。空气相对湿度要稳定在85%~90%,每天喷水3次以上,喷水要采取勤、少、细(雾滴要细)的方式。料面积水及时用海绵吸干。阳畦栽培的,把通气孔由前阶段的10~15厘米高改为5厘米高。室内栽培的两个开放的通风口位置要错开,以防冷凉空气直接吹袭小菇蕾。

(3)生长发育期干湿交替 当小菇蕾长到山枣大小时,对环境的适应性增强。这时栽培场所的温度可在5℃~10℃间波动,空气相对湿度可在75%~95%间波动。在此范围内,温差、湿差越大,子实体长得越肥厚、敦实。阳畦栽培的白天把通风口支起5厘米高,晚间支起10~15厘米高。室内栽培的,夜间打开门窗通风口,白天关闭一部分。使得室内白天温度高、湿度大,夜间温度低、湿度小。此阶段适当调节散射光照,一般200勒克斯左右,菇盖长得较敦实。采用上述集中管理、成潮采收方法,能收5~6潮,生物转化率达100%,品质符合出口要求。

(四)南方野外简易菇房栽培技术

简易菇房是我国南方阴湿地区采用的栽培姬菇设施,以木屑、秸秆粉为主料,处理方法以熟料为主。

1. 简易菇房类型

(1)草棚 这是南方姬菇生产上常用的菇房,并适宜多种食用菌生产使用。菇房的结构和屋架制作同水泥瓦菇房,在菇房顶部和四周用草帘覆盖。也可将几个菇房并排连接而成一个大型的菇房,面积可达到几千至1万余平方米,可放置数十万菌袋出菇。

(2)遮阳网棚 由于草棚菇房易发生火灾,因此,改建成遮阳网菇房,可减少火灾发生的危险,并且遮阳网菇房建造简便。遮阳网菇房的屋架结构与草棚菇房相同,菇房顶部高3米,两侧高1.8～2米,宽为7米,长度不限。在菇房顶部先盖一层黑色塑料薄膜后,再盖遮阳网,遮阳网的遮光率要求达到95%,或者用加密了的遮阳网。四周用草帘围盖,或者用水泥瓦作围墙,也可全用遮阳网,但最好使用双层遮光率为95%的遮阳网。可将几个遮阳网菇房并排连接,形成一个整体的菇棚群。

2. 培养料配制

按配方比例称取各种原料,先干料混合拌匀,再加水拌匀。石灰最好溶解于水中后,取上清液加入。一般加水量按料水比为1:1.4～1.5,即100千克干料中加水140～150升,即培养料的含水量为65%左右,以用手紧捏培养料无水滴出,手指缝间有水可见为宜。如果培养料中有玉米芯时,因玉米芯颗粒较粗,不易吸水湿透,按常规方法拌料时,会造成灭菌不彻底。因此,玉米芯要先用水浸泡几小时湿透后,捞出再与其他原料混合拌匀;或者先加水拌匀后,堆成小堆覆盖塑料薄膜,堆放1夜湿透后,再与其他原料混合拌匀。

拌好的培养料,即可装入袋中。但使用以麦草和稻草为主要原料的,因麦草粉和稻草粉疏松,并富有弹性,使装入袋中的培养料数量减少。因此,最好堆积7天左右,其间翻堆1次,使秸秆粉软化后,再装入袋中,方可增加装入袋中培养料的数量。

3. 装袋灭菌

装袋用塑料袋的规格为22厘米×44厘米或23厘米×43厘米。采用高压锅灭菌时,要用聚丙烯塑料袋;常压土蒸灶灭菌时,可用高密度聚乙烯塑料袋。用机械或手工将培养料装入袋中。手工装料时,边装入料边压实,层层压紧,使上下松紧一致。装好料后,袋口用绳子扎好;或者套上项圈,用塑料薄膜封口。装好的料袋要及时灭菌,不宜放置时间过久,以免袋中料发酵变质。

用罩篷灭菌灶灭菌,当灶内温度上升到100℃时,保持16～20小时,再闷4～5小时或1夜后打开灶门。用高压锅灭菌时,当压力上升到0.05兆帕时,放掉锅内气体,如此连续进行2次;再在压力上升到0.147兆帕,即安全阀自动放气时,开始计时,并在此压力下保持3小时,即可达到灭菌的目的。

4. 接种培养

接种需在无菌条件下进行。将冷却到与室温一致的料袋放入接种箱或接种室内。接种箱或接种室在操作前应消毒。可用气雾消毒盒熏蒸杀菌；或者用甲醛与高锰酸钾混合熏蒸杀菌。杀菌处理 1～2 小时，待刺激性气味减少后，开始接种操作。接种工具和原种瓶外表用消毒剂如 75% 酒精或 0.2% 高锰酸钾等擦洗消毒后放入接种场所内。先钩出瓶中表面老种块弃掉，取下层菌种使用，将菌种钩入袋口内，然后上项圈，用灭菌的干燥纸封口。

培养是让菌萌发并长满袋的过程。由于生产季节正处于秋季高温期间，因此，要选择阴凉干燥的培养室来培养。将菌袋单层排放在床架上，或在地面上以"井"字形码袋。菌袋温度控制在 28℃ 以下，最高温度不超过 33℃；高于 45℃ 时，菌种就会被烧死。在培养 3 天以后，因菌袋自身会发热，使菌袋内温度升高，因此，要加强通风散热管理。此外，培养发菌期间，要遮好光，保持培养室内空气新鲜，降低湿度，避免出现高温高湿，引起杂菌感染。培养 7 天以后，或在菌丝还没有长满袋之前，认真检查菌袋，将感染杂菌的菌袋搬出培养室处理掉，以免传染其他菌袋。

5. 排袋催菇

将菌丝长满的菌袋移到菇棚内，重叠堆码起来出菇；或者将就地培养的菌袋调稀码袋出菇。码袋的方法是：在地面上横置重叠堆码，堆码高度为 5～6 层菌袋，形成一排一排的菌墙，菌墙按宽窄行交替排列，即菌袋墙之间间隔以 30 厘米、40 厘米交替。菌袋墙之间距离不宜太宽，其目的是适当增加二氧化碳浓度,利于菌柄生长加长,降低菌盖生长速度。菌袋墙之间适当加宽是为了便于采收和管理。排放好菌袋后,揭去封口纸,给予散射光照,加大温差,诱导子实体形成。菇房内较干燥时,需喷水浇湿地面,保持空气相对湿度在80%～90%之间。

6. 出菇管理

出菇要做好调温、保湿、通风换气和光照管理。

(1)温度控制 子实体生长发育期间,要将温度控制在8℃～20℃之间。温度高于22℃时,子实体生长加快,菌柄较短,菌盖生长快易长大,盖薄,颜色浅,呈灰褐色,质量较差。温度低于8℃时,菌盖表面易长出刺状物,使菌盖表面不光滑,降低质量。温度调节主要是通过适时安排生产出菇季节来达到要求。四川地区将出菇季节安排在10月下旬至翌年的3月。在温度偏高时,通过加大通风换气,结合喷水来降低温度,以及采取适时采收、勤采菇来提高质量。温度偏低时,要降低通风换气量,通风换气应在晴天中午进行,夜间停止通风,做好保温管理。温度高时,在菇房顶部加盖草帘降低阳光辐射升温。

(2)湿度调节 子实体生长发育期间,对水分的需求量较大,要求空气相对湿度达到85%～95%,当湿度低于70%时,菇体菌盖表面易失水干燥,生长受到抑制。但湿度过大,加上长期处于100%的高湿环境下,菇蕾会变成黄色,最后死亡腐烂。喷水保湿要根据菇体大小和气候而定。子实体处于珊瑚期时不能喷水,在子实体长到1厘米长后,根据环境中干湿情况来决定喷水。在晴天空气干燥时,要多喷水,喷水要做到少喷勤喷,主要通过向地面喷水来增大湿度。在菇体上不能喷水过多,一旦菇体吸水过多,就会死亡。在阴天和雨天,一般不喷水。每次喷水后,结合通风换气,让菇体上过多的水分蒸发掉。

(3)光照控制 子实体形成和生长发育期间,都需要散射光照。但只要有微弱的光照就能满足其生长。在完全黑暗的条件下,子实体原基不易形成。已长出的菇,也会长成无菌盖、柄长似珊瑚的畸形菇。光照也不宜过强,否则菇体易失水,造成保湿困难,还会增加菇房内温度。但在温度偏低时,可通过增加光照,来提高菇房内温度。

(4)通风换气 子实体生长发育期间,要消耗大量氧气,排出二氧化碳。二氧化碳浓度增高后,就会促进菌柄生长,抑制菌盖发育。由于姬菇的产品要求菌柄长度达到 4 厘米,因此要适当增加二氧化碳浓度,使菌柄生长加长,降低菌盖生长速度,使之长成柄较长、菌盖较小的菇。生产上通过缩小菌袋墙之间距离和减少通风量来满足子实体生长的空气条件。但也要适当地进行通风换气,防止二氧化碳浓度过高后,长成畸形菇。出菇期间的温度、湿度、空气和光线是相互作用、相互影响,任一条件不具备,都将造成生长不良,因此不要忽略任一环境条件。

七、姬菇规范化栽培病虫害防治技术

姬菇和其他食用菌一样,近年来随着栽培面积的不断扩大,病虫害也逐渐加重。在整个生产过程中,多种病虫害通过制种、栽培的各个环节对姬菇造成危害,轻者减产,重者绝收。因此掌握其发生规律和有效的防治方法,对姬菇的规范化栽培意义重大。

(一)病害类型与综合防治措施

在整个生产过程中,由于遭到某种不适宜的环境条件影响,或者其他生物的侵染,致使菌丝体或菇体的正常生长发育受到干扰,在生理上和形态上产生一系列不正常的变化,从而降低其产量和品质,这就是食用菌的病害。随着病害的发生和发展,危害逐渐加大。因此,病害的发生往往有一个过程。

1. 病害类型

病害的发生有其直接的原因。根据是否有病原生物侵染而将病害分为不同的两种类型:侵染性病害和非侵染性病害。侵染性病害是由病原生物侵害所引起的。引起这一类病害的病原生物有真菌、细菌、线虫、病毒、类菌质体等。根据病原生物的危害方式,侵染性病害又分为:寄生性病害、竞争性病害(杂菌)和寄生性兼竞争性病害。

(1)寄生性病害　此类病害的特征是病原生物直接从菌

丝体或子实体内吸收养分,使其正常的生长发育受到干扰,从而降低产量和影响品质;或者是病原生物分泌对菌丝体或子实体有害的毒素。

(2)竞争性病害 这类病菌一般生长在培养料(基)上,或生长在有损伤的、死亡的菌丝体和菇体上。它的生长主要靠吸收培养料(基)的养分,与菌丝体和菇体争夺营养和生存空间,导致产量和品质下降。

(3)寄生性兼竞争性病害 这类病原生物既能在培养料(基)上吸收营养和抢占地盘,又能直接从菌丝体或子实体内吸取养分。

根据病原生物的分类,病害又分为真菌性病害、细菌性病害、线虫性病害、病毒性病害和黏菌病害等。

在姬菇生产上危害最严重的主要是竞争性杂菌(包括大多数真菌和细菌)。如绿色木霉、毛霉、根霉、曲霉、链孢霉、细菌等。

2. 综合防治措施

姬菇的病虫害防治,是指尽可能采用农业、生物、物理、生态等为主体的综合防治措施,把有害的生物群体控制在最低的发生状态,辅以允许使用的化学药物防治技术,达到姬菇产品无公害的目的。

(1)选育抗逆性强菌株 优良的菌株具有菌种纯度高、健壮、生长速度快、适应性强、产量高、质量好等优良性状,能有效减轻病虫的危害。

(2)净化生产环境 净化生产环境是有效防治病虫害的重要手段之一,是其他防治措施获得成功的基础。菌种场、栽培场要经常保持清洁卫生,及时清理废弃物,定期消毒灭菌,减少病菌和害虫的生长场所,创造一个良好的适宜姬菇生长而不适宜病虫发生和繁殖的环境条件。

(3)合理安排季节 姬菇菌株较多,适宜的生长温度差异较大,在生产中,要根据当地的气候安排适宜的品种。一般来说,气温高时,病虫害发生严重,可考虑避开此时培菌和出菇高峰。

(4)严格各项生产规程 科学合理配料,选用优质、无霉变、无掺假原料,拌料均匀,含水量适中;培养料灭菌彻底。熟料袋栽,装袋后应及时灭菌,并达到 100℃ 保持 16~20 小时;发酵料栽培,则需培养料发酵均匀一致,高标准要求;严格接种操作规程,熟料袋栽,接种严格按无菌操作;发酵料栽培,在播种前需抖散培养料,散发废气;科学进行养菌和出菇管理。

(5)物理防治措施 给菇房安装纱门纱窗、覆盖防虫网、挖水沟、撒生石灰等,起到隔离保护的作用;利用某些害虫的趋光性、趋化性,对其进行诱杀。另外,采用人工捕捉,对某些害虫也是一种有效的物理防治办法。

(6)利用有益生物 包括以虫治虫、以菌治虫、以菌治菌等生物防治措施,对人、畜安全,不污染环境,但见效慢,达不到立即控制危害的目的,还有待研究。

(7)生物农药防治 目前,国内外上市的生物农药主要有:生物杀虫剂——阿维菌素;抗生素杀菌剂——武夷菌素、农抗 120、中生菌素、多抗灵;细菌农药——苏云金杆菌、青虫菌;真菌农药——白僵菌、绿僵菌等。

(8)化学防治 指用化学农药防治病虫害,要求合理选用、安全使用农药,提高农药使用的技术水平。严格执行《无公害食用菌农药使用准则》,确保姬菇产品的无公害和环境的无公害。

(二)侵染性病害及防治技术

1. 绿色木霉

绿色木霉(*Trichoderma viride*)是竞争性杂菌之一。

(1)形态特征　发生初期培养料上长出白色、纤细的菌丝,菌丝逐渐变浓,呈灰白色绒状小点(或小斑),随后在病斑中央出现淡绿色的粉状霉层,这是形成大量分生孢子的表现。随着霉层由淡绿色转为深绿色,范围迅速扩大,取代了白色菌丝层,并向培养料深层发展。见图7-1。

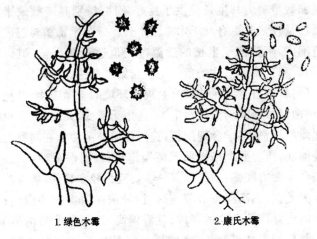

1.绿色木霉　　　　　　　　2.康氏木霉

图7-1　绿色木霉形态特征

(2)危害病状　绿色木霉病在生产上又叫绿霉菌,是姬菇生产过程中重要的杂菌。常发生在菌种培养基,播种后的菌袋、菇床等发霉变绿,使菌丝不能萌发定植,或使已萌发定植的菌丝生长不正常直至死亡。绿色木霉的危害主要是寄生、分泌毒素,其次是对菌丝体进行营养物质和水分的掠夺。由于其具有适应性强,生长速度快,分解纤维素和木质素能力强,以及耐药性较强等特点,一旦发生蔓延就不易处理。没有发好菌的菌袋、菇床菌丝不能生长,已发好菌的菌袋、菇床不能形成子实体,或已形成的子实体基部发病,引起腐烂。

(3)**发病条件**　绿色木霉菌平时以腐生的方式生活在有机物质或土壤中,形成的分生孢子(聚集成堆的绿色霉层)在空气中随空气到处飘浮,一旦落到有机物质上,在适宜其生长的温、湿度和酸碱度等条件下迅速繁殖生长。姬菇的菌种培养基和栽培料为其生长提供了良好条件,特别是麦麸或米糠的添加量较多时更利于木霉菌生长。绿色木霉菌对温度适应范围广,姬菇菌丝生长的适温范围也适合其生长,但以高温、高湿和基质偏酸性的条件下生长繁殖最快。

(4)**防治措施**　保持场所及周围环境的干净卫生,净化接种、培菌、栽培环境,清除污染源;选用无霉变、无结块、无虫蛀的优质原材料,科学合理配料;选用优质的菌种。在制种时灭菌要彻底,接种要严格按照无菌操作规程,确保菌种纯正、无污染和生命力旺盛;操作过程科学规范。轻拿轻放,避免菌袋的人为破损;偏高温季节栽培时,接种选在后半夜和清晨;培菌期间注意培菌场地的通风,气温偏高时,注意菌袋的疏散;生料栽培和发酵料栽培,宜选择在气温 26℃ 以下的季节,并在培养料中添加 0.1% 的多菌灵或甲基托布津;菌床或菌袋表面局部发生木霉时,应先用 0.2% 多菌灵溶液浸泡过的湿布盖住,剔除污染部分,再用 100～200 倍液的多菌灵或甲基托布津涂抹;大面积发生,应及时清理,深埋或烧毁。

2. 链孢霉

链孢霉(*Neurospora sitophila* Shoet Dodge)又叫好嗜脉孢霉或红粉菌,有的地方叫红色面包霉菌。这是一种菌种生产和栽培中威胁性很大的杂菌。

(1)形态特征 链孢霉形态见图 7-2。

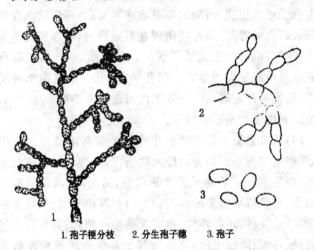

1.孢子梗分枝　2.分生孢子穗　3.孢子

图 7-2　链孢霉形态特征

(2)危害病状 培养基或培养料受链孢霉菌污染后,其菌落先为灰白色、疏松棉絮状的气生菌丝,随后很快占满基质表面空间,并大量形成链状串生的分生孢子,使菌落呈淡红色粉状。特别是在棉塞受潮或菌袋有破孔口,可长出呈球状的、橘子状的红色分生孢子团。此红色霉团稍微触动或震动,其分生孢子就像撒粉一样扩散,也可通过空气流动而迅速蔓延。

(3)发病条件 该病菌在自然界中分布很广。空气中到处都有链孢霉菌的分生孢子,农作物秸秆、土壤、淀粉类食品、废料上也大量存在,均可通过气流和劳作等多种途径沉降到有机物表面后很快萌发生长。其传播容易、生活能力强并能重复交叉感染。在高温、高湿条件下生长速度极快,最适宜的生活条件为温度 28℃以上,培养料含水量 55%～70%,空气相对湿度 80%～95%。链孢霉为好气性真菌,氧气充足时,分生孢子形成更快,污染培养基或培养料后,很快就能在料面形成橘红色的霉层,如霉层出现在瓶或袋内,则能通过潮湿的瓶塞或袋口(破口)形成橘子状的红色球团,稍有震动即可扩散蔓延而造成更大的危害。每年的 6～9 月是链孢霉菌的高发季节,发生严重时,在 2～3 天内可迅速污染整个生产场地,给生产者造成严重的经济损失。

(4)防治措施 搞好菌种生产场地和栽培场地的环境卫生,废弃的培养基或培养料应及时清除,不能让链孢霉滋生和传播;栽培季节尽量避开夏季的高温、高湿期;确保消毒灭菌的彻底,尽量避免菌袋的破损和封口材料的受潮;严格控制污染源,净化接种、培菌环境,遵守无菌操作规程;抓好培菌场所的通风、降温、降湿工作,可在菌袋上和生产场所地面撒上一层干石灰粉;定期检查,及时处理。一旦发现应及时用湿布包好拿离现场,做烧毁或深埋处理,防止其分生孢子的迅速扩散,形成再次侵染。

3. 毛 霉

危害姬菇的毛霉有高大毛霉[*Mucor mucedo* (L.)Fres.]和总状毛霉(*M. racemosus* Fres.)。

(1)形态特征 毛霉形态见图 7-3。

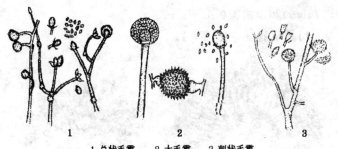

1. 总状毛霉 2. 大毛霉 3. 刺状毛霉

图 7-3 毛霉形态特征

(2)危害病状 毛霉菌污染的培养基或培养料,初期长出灰白色粗壮稀疏的菌丝,其生长速度明显快于姬菇菌丝的生长速度。后期,气生菌丝顶端形成许多圆形小颗粒状,初为黄白色,后变为黑色。根霉菌污染的培养基或培养料,其基质表面匍匐生长霉菌菌丝,后期形成许多圆球形的小颗粒,并由灰白色转变为黑色。明显特征是霉层为黑色颗粒的集聚。

(3)发病条件 毛霉和根霉的适应性强,平常生活在各种有机物质上,在孢子囊中的孢囊孢子成熟后可在空气中飘浮移动,沉降到有机物质表面后,只要温度和湿度适宜,很快就可萌发长出菌丝。高温高湿是毛霉和根霉迅速生长的有利条件。

(4)防治措施 参见绿色木霉的防治方法。培养料含水量适中,不宜过大;采取预防为主的原则,接种严格消毒,并进行无菌操作,保持培菌场地的通风降温。

4.曲 霉

危害姬菇常见的曲霉（*Aspergillus* spp.）有黄曲霉（

A. flavus）和黑曲霉（*A. niger*）。

（1）形态特征　见图7-4。

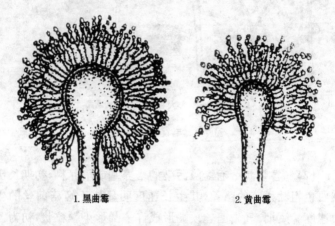

1. 黑曲霉　　　　　　　2. 黄曲霉

图7-4　曲霉形态特征

（2）危害病状　黄曲霉的菌落初为黄色，后逐渐变为黄绿色直至褐绿色。黑曲霉的菌落刚发生时为灰白色绒状，很快变为黑色。受曲霉菌污染的培养基或培养料，很快长出黑色或黄绿色的颗粒状霉层。

（3）发病条件　曲霉菌广泛分布于土壤、空气中的各种有机物质上，适宜的温度为20℃以上，湿度65％以上，适宜的酸碱度为中性略偏碱性。曲霉是姬菇生产中常见的一种杂菌，发生的主要原因是培养基或培养料结块、发霉变质，灭菌不彻底，生产场地不卫生，以及在栽培过程中的高温、高湿、通风不良等。曲霉菌在自然界中，几乎在一切有机物上都能生长，其产生的孢子飘浮在空气中，通过空气的流动而广泛传播，沉降到有机物上后，只要温度、湿度条件适宜，即可迅速萌发生长，再次成为侵染源。另外,也可通过接触过病菌的材料、工具、人员等进行再侵染。受曲霉污染的培养基或培养料,姬菇菌丝难以继续生长。曲霉还能分泌毒素,对人体健康造成危害。

(4)防治措施　参见绿色木霉防治方法。需要特别注意的是:不用发霉变质的米糠、麦麸、豆饼粉、棉粕粉等高蛋白的基质辅料;确保灭菌消毒彻底并严格遵守操作规程;培养基或培养料中拌入 0.1%甲基托布津或多菌灵。

5. 鬼　伞

鬼伞菌常发生在姬菇生料栽培或发酵料栽培的菇床上或料袋中。主要有墨汁鬼伞[*Coprinus. atramentarius*(Bull.) Fr.]、毛头鬼伞[*C. Comatus*(Mull. ex Fr.) Gray]、长根鬼伞[*C. macrorhizus*(Pers. ex Fr.)Rea]等。

(1)形态特征　鬼伞形态特征见图 7-5。

(2)危害病状　鬼伞菌发生在菇床上或袋料中,首先生长出白色粗壮的菌丝,随后生成白色的突出的子实体(鬼伞)。鬼伞生长很快,从子实体形成到自溶成为黑色黏液团,只需要24～48 小时。鬼伞菌发生在菌袋的中部,则可在菌袋和菌料之间的空隙处长出子实体(鬼伞),并在袋内腐烂。其危害主要是与姬菇争夺培养料中的营养物质和水分,影响产量,严重时可造成惨重的损失。

(3)发病条件　鬼伞菌多发生在培养料腐熟不均匀、湿度过大,菇场通风不良,料内废气散发不彻底等情况下,培养料中速效氮含量高、温度在 28℃以上、含水量偏大时,有利于鬼伞菌孢子的萌发、菌丝的生长和子实体的发育。因为鬼伞菌生长迅速、周期短,可以持续不断地发生和生长,从而大量消耗培养料内的养分,导致减产。鬼伞菌的子实体在自溶之前,即可散发出大量的孢子,借气流传播。孢子在培养料中萌发生长成菌丝,迅速长出鬼伞。

(4)防治措施 鬼伞菌多发生在发酵料袋栽和床栽中,为此发酵料栽培时,一定要堆制好培养料,提高堆温,降低氨气等废气含量,防止培养料过生、过湿,创造不适宜鬼伞菌发生和生长的条件;培养料在堆制时,若已经发生鬼伞,则应注意将产生鬼伞的料翻入中间料温高的部位,进行发酵处理,以

图7-5 鬼伞形态特征

杀死鬼伞菌丝和孢子。在上床或装袋之前,将堆料充分摊开,使料内氨气等废气得以散发;生产中少量发生鬼伞以后,应在子实体刚长出小白头时采摘,以免成熟后孢子扩散;对严重发生过鬼伞危害的场地,在栽培结束后,应认真冲洗,严格消毒处理。

6. 细 菌

细菌是一大类营养体不具丝状菌丝结构的单细胞形态的微生物,最常见的有芽孢杆菌(*Bacillus*)、黄单胞杆菌(*Xanthomonas*)、假单胞杆菌(*Pseudomonas*)和欧氏杆菌(*Eruinia*),在自然界中广泛分布,在菌种生产和栽培中经常发生危害。

(1)形态特征 细菌的菌体呈杆状或球形,大小为0.4~0.5微米×1~1.7微米,一端或两端具有一或更多条鞭毛,革

兰氏染色为阴性反应。形态见图 7-6。

(2)危害病状 细菌污染多发生在菌种生产和栽培料上。马铃薯、琼脂、葡萄糖的斜面母种培养基受细菌污染时，表面呈潮湿状，有的有明显的菌落，有的呈糨糊状。特别是用麦粒、谷粒等制作菌种受细菌污染后，菌种瓶（袋）壁上有明显的黏稠状细菌液。栽培过程中培养料受细菌污染，同样有上述现象。培养料受细菌污染，

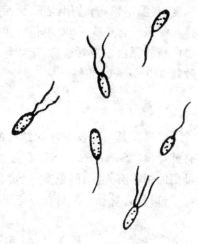

图 7-6　细菌形态

还会散发出腐烂的臭味，使菌丝生长不良或不能生长。

(3)发病条件 细菌来源广泛，空气中飘浮有细菌，土壤和水中含有细菌，各种有机物质上也带有细菌。上述细菌中，芽孢杆菌在菌体内可形成一种称为芽孢的内生孢子，它的抵抗力极强，尤其是对高温的抵抗力。一般病原细菌的致死温度为 48℃～53℃ 之间，有些耐高温细菌的致死温度最高也不超过 70℃，而要杀死细菌的芽孢，一般要经 120℃ 左右的高压蒸汽处理。因此，消毒灭菌时冷空气没有排除干净或压力不足，或保压保温时间不够，是造成细菌污染的重要原因。此外，接种过程中未按无菌操作规程，或菌种本身带有细菌，都是引起细菌污染的原因。培养基或培养料含水量偏重，气温或料温偏高也有利于污染细菌的生长。

(4)防治措施 选用的原料新鲜无霉变，消毒灭菌彻底，

并严格遵守无菌操作规程；控制培养料的含水量及培菌场地温度、料温不偏高；选用纯正、无污染的菌种；在配制培养料时拌入每毫升含 100～200 单位农用链霉素可抑制细菌生长；用漂白精或漂白粉液对菇房、床架等场所消毒处理，浓度为含有效氯 0.03%～0.05%。

7. 酵母菌

酵母菌是一类没有丝状结构的单细胞真菌，常见酵母菌有酵母属（*Saccharomyces*）和红酵母属（*Phodotorula*）。酵母菌的菌落有光泽，颜色有红、黄、乳白等不同类别。

(1)形态特征 酵母菌形态见图 7-7。

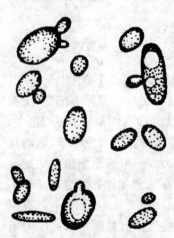

图 7-7 酵母菌形态特征

(2)危害病状 培养料受酵母菌污染后，极易大量繁殖，引起发酸变质，散发出酒酸气味。不同种类的酵母菌生长时形成的菌落颜色和形状各有不同，但其共同的特点是没有绒状或棉絮状的气生菌丝，只形成糨糊状或胶质状的菌落。

(3)发病条件 酵母菌是一类广泛分布于自然界中，最主要是存在于含糖分高又带酸性环境的有机物质上，如霉变的麦麸、米糠、菇体等。菌种生产过程中，由于消毒灭菌不彻底，特别是间歇灭菌在料温降不下来的高温高湿条件下，有利于培养料内未被杀死的酵母菌萌发和大量繁殖，造成培养料发酵变酸变质。在栽培过程中,由于气温偏高,培养料含水量偏重,铺料过厚或装料过紧,也易引起栽培料发酵变酸变质。

(4)防治措施 选用新鲜优质的原料,装料不能过多过紧,料袋的规格不宜过大;装锅灭菌时,瓶或袋之间应保持有一定的空隙,以便热蒸汽流通。不宜采用常压间隙灭菌,而宜采用高压灭菌或一次性灭菌,并保持100℃在8小时以上;接种过程严格进行无菌操作;控制培养料适宜的含水量;栽培生产配料中,可按干重加入0.1%的50%多菌灵可湿性粉剂或0.05%~0.07%的70%甲基托布津拌料;在拌料或堆制时,发现培养料温度过高,并有酒酸气味时,可以适当添加石灰粉,并摊开培养料。

(三)生理性病害及防治技术

在姬菇的生产过程中,除了受病原微生物的侵染不能正常生长发育外,还会遇到某些不良的环境因子和人为因素的影响造成生长发育的生理性障碍,产生不正常现象,导致产量低、品质差。这属于生理性病害,其主要表现在畸形菇、菌丝徒长等方面。

1. 菌丝徒长

表现为菌床或菌袋料面,菌丝生长过盛,向空中长出浓白色密集的大量气生菌丝,倒伏后则形成一层致密的不透水、不透气的菌被,推迟出菇或出菇稀少。菌丝徒长的原因,多为湿度大、通风不良;或培养料配方不合理,碳、氮营养比失调;有的因麦粒、谷粒或玉米粒制作的栽培种,也极易引起菇床或菌袋表面出现菌丝徒长,形成一层致密的不透水、不透气的菌被。

防治方法:避免菌丝徒长,需要科学合理搭配各种原料,不使用麦粒、谷粒等制作栽培种;在养菌和催蕾阶段,加强通风换气。出现菌丝徒长形成菌被时,可将菌被划破,然后喷重水,加大通风,促使出菇。

2. 菇体畸形

常见的畸形有:花菜形、珊瑚形、长柄小盖形、光杆形等。

(1)花菜形 表现为子实体原基形成后,不能进一步分化形成幼菇,更不能分化形成菌盖,成丛的原基不断生长增大,小柄不断分叉增多,完全不分化成菌盖或只形成很小的球状小菌盖,致使整个丛簇状的原基不断长大形成菜花似的半球状原基团,完全没有正常姬菇子实体的形态。这种病态原基团,大的直径可达 20 厘米,重量可达 2 千克以上。发生的主要原因是二氧化碳气体浓度过大和湿度过高;大多发生在人防地道、地下室栽培场地,也可发生在未及时通风换气的室内外场所。特别注意的是:床式栽培开始出现少量原基时,应及时揭膜或通风后将膜拱起。

(2)珊瑚形 表现为子实体原基形成后,长出较长而粗的菌柄,但菌柄端部不分化成菌盖,而是继续长出多根较小分叉状的菌柄,结果形成珊瑚形状的畸形菇体。原因主要是二氧化碳浓度过高和光照太弱。

防治方法:当原基开始形成以后,每天必须保持 2 次以上的通风换气;每天保证出菇场地 3～5 小时的光照时间。当发现有珊瑚状畸形菇,应及时采摘掉,并满足其通风换气及光照要求。

(3) 长柄小盖形　该病发生较普遍。正常的姬菇子实体应该是菌盖肥大、菌柄粗短,而该病则是菌柄细长、菌盖较小,整个子实体的形状与高脚杯相似。主要原因是出菇期气温偏高、光照强度偏弱。另外,与通风状况也有一定关系。

防治方法:出菇期间确保场地最基本的光照(5～10 勒克斯);在偏高温季节,采取降温措施,防止白天气温过高,晚上加强通风换气,拉大昼夜温差,以利于正常子实体形成。

3. 死菇

造成死菇的原因较多,列举如下:

原因一:培养料的含水量过低,空气相对湿度小,或幼菇较长时间处于风吹、暴晒,或连续数天未喷水,导致幼菇失水萎缩干枯而死亡。为此,培养料过干,可以浸水处理,空气湿度过低,可以增加空间的喷水量和喷水次数;遇风吹时,可以用薄膜或纱布等物来遮挡;场内有太阳晒时,可用草帘等物遮荫。

原因二:原基分化期喷水过多,特别是对其直接喷水,导致菇体水肿黄化而死亡,在高温情况下尤常见。为了避免上述情况的发生,在水分管理上,对原基和幼菇不能直接喷水,只能在空间喷雾和地面浇水来增加湿度。

原因三:用药不当产生药害,致使菇体死亡。为此,在出菇期间,一般禁止使用农药,而采用生态治理、物理防治和生物防治。

原因四:二潮出菇期间,由于出菇过多过密,营养供应不上,也往往出现大量小菇死亡。对此可采取疏蕾及菌包补水的方法。

(四)常见虫害及防治技术

姬菇的害虫种类较多,为害方式也不尽相同。在制种、栽培、贮存、运输过程中均可出现。为害最普遍和严重的是昆虫中双翅目的菇蚊、菇蝇,其次是弹尾目的跳虫,缨翅目的蓟马,直翅目的蝼蛄,鳞翅目的地老虎等。另外,螨类也是不可忽视的一类害虫,其为害轻则减产、品质下降,重则绝收。除此以外,还有蛞蝓、蜗牛等,也能咬食菌丝或子实体。

1. 瘿 蚊

瘿蚊属双翅目、瘿蚊科昆虫,学名 *Mycophila* sp.。又名菇蚋、菇瘿蚊。为害姬菇的常见种类有:嗜菇瘿蚊(*M. fungicola*)、巴氏瘿蚊(*M. barnesi*)和斯巴瘿蚊(*M. speyeri*)。

(1)形态特征 瘿蚊幼虫刚孵化时为白色纺锤形小蛆,老熟幼虫米黄色,体长约 3 毫米,由 13 节组成,无胸足和腹足。头部不发达,中胸腹面有一个明显的剑骨,呈"Y"字形,这是该属幼虫的主要特征。幼虫的抗逆能力强,既耐高温又能耐低温,幼虫常可直接进行童体繁殖(幼虫胎生幼虫),每条幼虫可繁殖 20 条左右的小幼虫。因此,瘿蚊的繁殖速度极快,虫口密度大,经常成团成堆出现。成虫为柔弱的小蚊,头胸部黑色,腹部和足橘红色。头部触角细长,念珠状,由 16~18 节组成,鞭节上有环毛;复眼大而突出。胸翅 1 对,较大,翅透明,翅脉少,中脉分叉,无横脉。足细长,基节短,胫节端无端距;腹部 8 节。雌成虫腹部尖细,雄成虫外生殖器呈 1 对铗状。见图 7-8。

(2)为害病状 菌瘿蚊幼虫为害,生活在培养料中,取食菌丝和培养料,影响发菌;在出菇阶段,大量幼虫除取食菌丝体外,还取食菇体,造成鲜菇残缺、品质下降。

(3)防治措施 搞好菇场内外的环境卫生,减少虫口;菇房安上纱窗纱门,大棚盖上防虫网;袋栽采用熟料栽培,床栽的培养料进行高温堆制发酵处理,杀死料

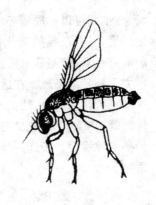

图 7-8　瘿蚊形态特征

中的虫卵和幼虫;可采用 500～600 倍液的 20％二嗪农拌料,也可用 90％敌百虫晶体 1 000 倍液拌料;如已发生蚊蛆为害,则可用 90％敌百虫 1 000 倍液喷雾。

2. 蚤 蝇

蚤蝇属双翅目、蚤蝇科,为害姬菇的蚤蝇主要有菇蚤蝇(*Megaselia agarica*)、黑蚤蝇(*M. nigra*)、普通蚤蝇(又名粪蝇,*M. halterata*)、黄脉蚤蝇(*M. flavinervis*)和灰菌球蚤蝇(*M. barista*)。

(1)形态特征 幼虫是一种白色的蛆,头部尖,尾部钝,体长约 4 毫米,无胸足和腹足。成虫为淡褐色或黑色小蝇,头小,胸大,侧面看呈驼背形,比菇蚊粗壮。头部复眼大,单眼 3 个,触角短,由 3 节组成,第三节肥大,常把第一、二节遮盖住,芒羽状。足粗短,胫节有端距并多毛。见图 7-9。

(2)为害病状 蚤蝇分布范围广,喜欢孳生在厩肥、有机物残体等腐臭环境中。卵、蛹、幼虫可通过培养料带入栽培

场,成虫则可以从周围环境中飞入。成虫喜欢通风不良和潮湿环境,并有很强的趋化性。在 16℃ 以上只要有风,成虫就能成群飞动,交尾后的雌虫受菌丝体香味吸引,可以从很远的地方飞到栽培场地。在适宜的温度、湿度条件下,卵经过4~5天即可孵化为幼虫,幼虫寿命为 2 周左右,取食菌丝和蛀食菇体。蛹期 6~7 天,成虫期为 7 天左右。蚤蝇大量存在时还能传播多种病菌。蚤蝇一年可发生多代,对姬菇生产造成严重危害。

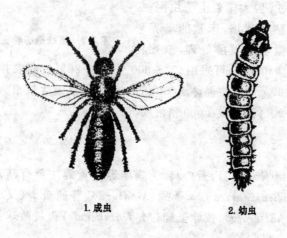

1. 成虫   2. 幼虫

图 7-9　蚤蝇

(3)防治措施　搞好菇场内外的环境卫生,及时清除各种废料物质和残存菇床上的死菇、烂菇、菇根,以防成虫聚集产卵;培养料经过堆制发酵和二次发酵处理,或用熟料袋栽;菇房安装纱门纱窗,防止成虫飞入菇房产卵;大棚覆盖防虫网。在菌丝生长阶段,用敌敌畏 500~600 倍液喷杀成虫效果好。

3. 跳 虫

又叫烟灰虫,属弹尾目的一类害虫。在生产上造成为害的常见种类有:菇疣跳虫(*Achorutes armatus*)、菇紫跳虫(*Hypogastrura armata*)、黑角跳虫(*Entomobrya sauteri*)、黑扁跳虫(*Xenglla langauda*)、角跳虫(*Folsomia fimetaria*)等。

(1)形态特征 弹尾目的跳虫体长大多在3毫米以内,体色和大小因种类而异。口器为咀嚼式,无复眼。触角通常为4节,胸部3节,无翅,腹部6节,第一节上有一个黏管,第三腹节上有一个握钩,第四或第五腹节上有一个弹尾器,弹尾器常向前弯,夹在握钩中。弹尾器下弹时,虫体就向前弹跳。见图7-10。

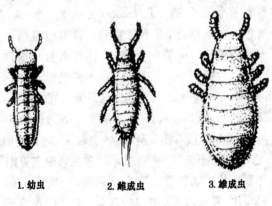

1.幼虫　　　2.雌成虫　　　3.雄成虫

图7-10　跳虫

(2)为害病状 平时生活在潮湿的草丛、阴沟以及有机物堆放处或其他有机质丰富的阴湿场所,取食死亡腐烂的有机物质或各种菇菌及地衣。在姬菇的生产场地,则取食菌丝、菇体和孢子。跳虫对温度适应范围广,气温低的冬、春也可看到其为害;气温高时,则可大量发生。跳虫弹跳自如,体具油质,耐湿性强,在水中可漂浮,喜阴避光,不耐干燥。跳虫一年可发生 5～6 代。

(3)防治措施 清除栽培场地四周的水沟以及杂草和堆积物,杂草杂物就地烧毁;栽培场内外在清洁卫生后用 500～600 倍敌敌畏液喷雾。可用少量蜂蜜或白糖加敌敌畏进行诱杀,此法安全有效,还能诱杀其他害虫。

4. 螨 类

俗称菌虱,隶属节肢动物门、蛛形纲,是包括姬菇在内的大多食用菌种类的主要害虫。

(1)形态特征 蒲螨(*Pyemotes* spp.)体小,扁平似虱状,体淡褐色或咖啡色,肉眼不易看到。喜群体生活,成堆聚集,看似土色的粉状。体表刚毛细长,体背面有一横沟,明显将躯体分成前、后两部分。成螨色白,体表光滑,休眠体呈黄褐色。嗜酪螨(*Tyroglyphus* spp.)是最常见的螨类,其种类包括长嗜酪螨(*T. longior*)、菌嗜酪螨(*T. fungivorus*)和腐嗜酪螨(*T. putrescentiae*)等,相对蒲螨,体型较大,呈长椭圆形,白色或黄白色,一般体长 350～650 微米。常见螨形态见图 7-11。

(2)为害病状 螨类繁殖速度特别快,1 年少则 3～4 代,多则 10～20 代,喜欢温暖、潮湿的环境,常潜伏在仓库、饲料间、鸡鸭棚的米糠、麦麸、棉壳等原料中,以霉菌和植物残体为食物,可通过培养料、菌种、害虫带入栽培场,也可自己爬入。螨类的繁殖与其他害虫有所不同,大多种类可进行两性生殖,也能单性生殖(孤雌生殖)。成虫交尾后产卵,孵化后变为幼虫,幼虫长为若虫,经过若虫期再到成虫期;也有的种类,可以不经交尾由雌虫直接产卵。培养料被螨类为害后，菌丝不能萌发或逐渐消失，直至最后被全部吃光。子实体受螨类为害后，可造成菇蕾萎缩枯死，或子实体生长缓慢，无生机，严重影响产量和品质。

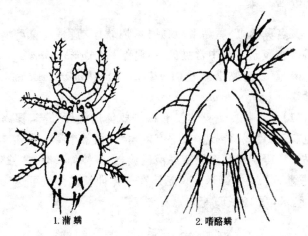

1. 蒲螨　　　　　　　　2. 嗜酪螨

图 7-11　常见螨类形态特征

(3) 防治措施　栽培场地要与原料、饲料仓库以及鸡舍等保持一定距离，因为这些地方往往有大量害螨存在，容易进入栽培场地。栽培场内外搞好环境卫生，并在四周挖一条水沟，在水沟中撒上石灰和杀螨药物，将栽培场地有效隔离；培养料经高温堆制发酵处理或熟料栽培，杀死培养料中的虫源。采用菜籽饼或茶饼诱杀、糖醋诱杀、毒饵诱杀。第一种诱杀方法最经济、实用。操作方法：将菜子饼或茶籽饼敲碎，入锅中炒熟。在菇床上或菇场内放置多块小纱布，每块小纱布上放少量炒熟的饼粉，饼粉浓郁的香味会诱使害螨群集在纱布上，此时即可收拢纱布浸于开水中将其烫死。上述操作重复数次，则可达到理想效果。也可用敌敌畏喷雾后密封，熏蒸 48 小时。注意用药方法，确保人、畜安全。

5. 蛞蝓

又名鼻涕虫、黏黏虫、水蜒蚰，属软体动物门、腹足纲、蛞蝓科。在姬菇生产中常见的有：野蛞蝓（*Agriolimax agrestis* Linne）、双线嗜黏液蛞蝓（*Philomycus bilineatus* Benson）和黄蛞蝓（*Limax flavus* Linne）。

（1）形态特征 身体没有保护躯体的坚硬外壳，裸露，暗灰色、灰白色或黄褐色，头部有触角 2 对，整个身躯柔软，能分泌黏液。野蛞蝓和双线嗜黏液蛞蝓，在躯体伸长时，体长30～40 毫米，宽 4～7 毫米。黄蛞蝓在躯体伸长时体长可达100～120 毫米，宽 10～12 毫米。见图 7-12。

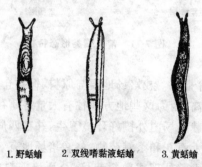

1. 野蛞蝓　　2. 双线嗜黏液蛞蝓　　3. 黄蛞蝓

图 7-12　蛞蝓形态特征

（2）为害病状 蛞蝓耐阴湿而不耐干燥，喜欢黑暗而避光，食性杂，采食量大。白天躲藏在阴暗潮湿处，天黑后到午夜之间是其活动和取食高峰期,天亮前又回到原来的隐蔽场所。蛞蝓对姬菇的危害是直接取食菇蕾、幼菇或成熟的子实体。被啃食的子实体,无论是菌柄、菌盖幼菇或菇蕾,均留下残缺或凹陷斑块。蛞蝓在爬行时,所到之处会留下白色发亮的黏液带痕和排泄的粪便。被为害的菇蕾或幼蕾,一般不能发育成正常的子实体。适期采收的子实体被害后,也失去或降低了商品价值。

(3) 防治措施　搞好场地的环境卫生,在蛞蝓可能出没之处撒上一层干石灰粉;晚上 22 时以后捕捉,捕捉时带一小盆,盆内放石灰或食盐,将捕捉到的蛞蝓投进盆中很快便可将其杀死,连续数晚捕捉可以收到很好的效果。为害严重时,可用菜子饼 1 千克加清水 10 升浸泡过滤后,再加清水 100 升配成溶液,喷洒蛞蝓活动的地方,也可每隔 1～2 天用 5% 来苏儿溶液喷洒。

八、姬菇产品规范化采收与加工技术

(一)子实体成熟标志

姬菇菌柄长 4 厘米、菌盖直径 0.8～1.5 厘米时,即可采收。从揭膜到采收,最短仅有 2 天时间。菌盖直径 2.5 厘米以上时,其品质下降。菌盖平展,完全成熟后,仅作一般产品处理。

(二)采收技术

姬菇在装袋时采用端放料方式装法,端面菌丝成熟度一致,在料端面紧密排列形成一原基层,各子实体基部既紧密相连,又较易分开。当一丛菇体存在生长差异时,采大留小,留下的能继续生长;当整个料面的菇体整齐长出时,一次采摘。采取分束采摘对原基形成层损伤最小,此层面的菌丝又常处于湿润空气的条件下,能在短时间内形成新菇蕾,所以提倡分束采摘、料面护蕾。而且采菇后的端面菌丝层只可去掉枯死菇,不可搔菌耙掉老菌皮。采后剪去带培养料的菇脚和菌柄,逐根撕开,按级分别放置。不同采收方法效果有别,见表 8-1。

表 8-1　姬菇不同采收法效果比较

采收方法	效果比较			
刀割采收	刀浅留根，	黄变烂面；	刀深割料，	转潮迟滞
掰块采收	带料破面，	难以转潮，	活性不一，	大小不齐
分束采收	丛内分束，	采大留小，	原基面全，	分化不断

（三）采后转潮管理

姬菇采用端放料、分束采收技术后，料端面菌丝能保持不断分化原基的能力，直至料袋水分枯竭。料袋水分每充盈 1 次为 1 个产菇期，称为一潮，即以料水分潮。每潮下产菇不同批次，称为次。姬菇整个产菇期注水 2～3 次，注水后 7～10 天出现菇蕾，此时便可按出菇期要求进行管理。

注水时还可添加营养物质，配方是：尿素 0.3%，葡萄糖或白糖 0.5%，磷酸二氢钾 0.2%，硫酸镁 0.1%，石灰 0.2%；或 1 000 升水中，添加尿素 500 克，磷酸二铵 500 克，葡萄糖 125 克，菇壮素 250 毫升，三十烷醇 25 毫升，硫酸镁 75 克。

将配制好的营养液装入大桶内，置于距棚底地面 2 米以上高处，用塑料软管导入棚内，管端用三通分流成 2 支水流，每支装注水器 1 个。注水时，将注水器尖端自料端面插入，打开开关，让营养液渗入菌袋栽培料内，2 个注水器轮流使用，注水后的料袋，初始几天要注意加强通风，待注水后渗出的水蒸发、湿度稳定后，再减少通风。保养 15～20 天即可转潮出菇。

(四)产品保鲜贮藏方法

鲜品加工是适应鲜菇销售的加工方式,主要解决从采摘到以鲜菇形式消费期间过程中的保鲜贮运问题,常用的有保鲜贮藏、冷藏保鲜、化学保鲜、速冻冷藏等多种方法。冷冻干燥为目前较先进的保鲜方法。

1. 贮藏保鲜

指采收后短期内就食用或分拣前的贮藏方法。采收后的鲜菇经整理后立即放入干净的筐、塑料筐或木桶等容器中,上面覆盖多层纱布后放于阴凉处,鲜菇在室温下贮藏的时间受温度和空气湿度影响较大,若室温为 3℃～5℃,空气相对湿度为 80%左右,可贮藏 7 天。

为适应外销运输的需要,常把按级分拣的菇体装入塑料袋内,每袋装菇量不宜过多,以 2.5～5 千克为宜。菇体要求含水量不要过高,若菇体中水分含量偏高,应将鲜菇摊开,用电风扇排湿,使菇体表面稍干;装袋后,用小型吸尘器吸净袋内空气再扎口,均可提高保鲜效果。

2. 冷藏保鲜

冷藏保鲜是根据鲜菇在低温时呼吸微弱,发热减少,以及利用低温抑制微生物活动的原理,从而达到保鲜的贮藏方法。这种方法保鲜期较长,适于长途运输,是姬菇最常用的保鲜手段,但需要购置冷藏设备,成本较高。目前,多被专业运输人员和批发人员采用。在冷库内存放,采用泡沫塑料和防潮纸箱,内衬透明无毒薄膜,直接摆放鲜菇,或分拣、称重好用塑料袋包装,每箱 8 包 20 千克。保鲜期 7 天左右。

3. 化学保鲜

指用生长抑制剂、酶钝化剂、防腐剂、去味剂、脱氧剂等进行适当处理,以延长鲜菇贮存期的方法。如稳定剂二氧化氯("保而鲜"),由于氧化作用而实现杀毒、防腐、除臭、保鲜等多种功能,用于保鲜能显著提高白度,延长寿命并减少侵害菇体的细菌数。硫代硫酸钠、亚硫酸氢钠、柠檬酸能抑制菇体内多酚氧化酶,抗坏血酸能抑制过氧化物酶,均被用作护色剂,防止菇色变深和变黑。要注意的是,采用化学保鲜必须了解药剂的性质、作用和卫生标准。如美国食品及药物管理局已禁止用亚硫酸盐洗涤鲜销蘑菇,我国规定二氧化硫残留量不得超过 0.002%。

4. 速冻冷藏

指菇体在 30～40 分钟内,实现-40℃～-25℃的低温冻结,冻结后于-18℃左右低温贮藏的方法。操作方法:将整理好的姬菇,倒入烫漂槽中烫漂(烫漂槽加水量为槽容量的2/3,水中加入 0.05%～0.1%的柠檬酸,加热煮沸),姬菇的加入量为烫漂液的 20%～30%,轻轻搅动菇体,使之受热均匀,烫漂液温度控制在 95℃,一般烫漂 5～8 分钟。烫漂结束立即放入清水中快速冷却,再将菇体装入干净纱布袋置离心机上脱水,然后装入干净的塑料袋中,500 克 1 袋,封口后送入速冻室,于-30℃～-25℃的低温下迅速冻结。冻结后,连袋装入纸箱内,严密包装后,置-18℃低温库贮存,直到出售。

5. 冷冻干燥

又称真空干燥或升华干燥,原理是先将菇体中的水分冻成冰晶,然后在较高真空下将冰直接汽化除去,然后立即向干燥室充入干燥空气和干燥氮气,恢复常压,最后进行包装。

真空冷冻干燥设备装置系统的主要部分是干燥室。干燥室配有冷冻、抽气、加热和控制测量系统。原料经过冻结后,送入干燥室,进行抽空、升温干燥,而后充入干燥空气和氮气,恢复常压,即可包装。冷冻干燥制品能够较好地保持原有色、香、味、形和营养价值,但干燥过程中需维持较高真空条件,能耗较大。

(五)盐渍加工技术

盐渍加工是利用高浓度食盐溶液抑制微生物的生命活动,破坏菇体本身的活动及酶的活性,防止菇体腐败变质,为最简便有效的保鲜加工方法之一。盐渍加工也是外贸出口常用的加工方法,是进一步加工前保存菇体的必要手段;还是鲜品销售不畅时,种菇户规避风险的必备措施,尤其对投入大的农户更是如此。

1. 设备与工艺

常用设备及用具有:锅灶(采用直径 60 厘米以上的铝锅,炉灶的灶面贴上釉面砖)、大缸、塑料周转箱、包装箱、笊篱等。

工艺流程:原料菇的选择→漂洗→预煮→冷却→盐渍→调酸装桶

2. 具体操作技术

(1)选料 盐渍姬菇按客户要求的标准采摘,逐个分开、修剪和分级,清除杂物和有病虫的菇体。

(2)漂洗 清洗菇体表面的泥屑等杂物。若用 0.05% 焦亚硫酸钠溶液漂白,浸泡 10~20 分钟,使菇体变白后。再用流水漂洗 3~4 次,以洗净残余药液。

(3)预煮 经过选择和漂洗的菇,要及时进行水煮杀青,以杀死菇体细胞抑制酶的活性。煮时锅内放 5% 盐水,煮沸后,倒入鲜菇(一般要求 50 升盐水中不超过 5 千克菇),边煮边用笊篱翻动,使菇体上下受热均匀,煮沸 3~5 分钟。具体时间应视菇体多少及火力大小等因素来确定,一般来说,煮沸后,菇体在水中下沉即可。

(4)冷却 把预煮的菇捞出,立即放入冷水中迅速冷却,并用手将菇上下翻动,使其冷却均匀。

(5)盐渍 分高盐处理和低盐处理两种。高盐处理贮存期长,一般用于外贸出口商品。高盐处理用盐量为菇重的 40%。盐渍时,先在缸底铺一层食盐,然后放一层杀青后的菇,逐层加食盐、加菇,依次装满缸,最后上面撒上 2 厘米厚的食盐封顶,压上石块等重物,并注入煮沸后冷却的饱和盐水(22~24 波美度),使菇体完全浸没在饱和盐水内。罐上盖纱布和盖子,防止杂物进入。

盐渍过程中,在缸中插 1 根橡皮管,每天打气,使盐水上下循环,使菇体含盐量一致。若无打气设备,冬天应每隔 7 天翻缸 1 次,共翻 3 次;夏天 2 天翻缸 1 次,共翻 10 次,以促使盐水循环。一般盐渍 25~30 天,方可装桶存放。

低盐处理适宜冬季贮运,便于罐头厂家脱盐,但不宜长期贮存。盐渍时,将杀青处理冷却的菇体沥干,放入配好的饱和盐水缸内,不再加盐,上面加压,使菇体浸没于盐水内,上面加盖纱布和盖子。管理方法同高盐处理。

（6）装桶　按 100 克饱和盐水中加入偏磷酸 55 克、柠檬酸 40 克、明矾 5 克的比例,使饱和盐水的 pH 值达 3.5 左右,pH 值高时,可加柠檬酸调节。把盐渍菇从缸中捞出,控水,装入衬有双层塑料薄膜食品袋的特制塑料桶内,再加入调酸后的饱和盐水,以防腐保色。双层塑料袋分别扎紧,防止袋内盐液外渗,盖好内外两层桶盖。桶上注上品名、等级、代号、毛重、净重和产地等。置于无阳光直接照射处存放。定期检查,发现异味应及时更换新盐水,以保持菇色和风味不变。

3. 注意事项

（1）**及时加工**　鲜菇采摘后,极易氧化褐变和开伞,要尽快预煮、加工,以抑制褐变。

（2）**防止变黑**　加工过程中,要严格防止菇体与铁、铜质容器和器皿接触,同时也要避免使用含铁量高的水进行加工,以免菇体变黑。

（3）**预煮控制**　做到熟而不烂。预煮不足,则氧化酶得不到破坏,蛋白质不凝固,细胞壁难以分离,盐分易渗入,易使菇体变色、变质。预煮过度,则组织变软,营养成分流失,菇体失去弹性,外观色泽变劣。预煮后要及时冷却后方可盐渍,以防盐水温度上升,使菇体败坏发臭变质。

（4）**食盐纯度**　食盐中除含氯化钠外还含有镁盐和钙盐杂质,在腌制过程中会影响食盐向食用菌内渗透的速度。此外,食盐中硫酸镁和硫酸钠过多还会使腌制品产生苦味。为了保证食盐迅速渗入菌体内,防止菇体腐败变质,应选用纯度高的食盐。

(5)盐水浓度 腌制时盐水浓度愈大,菇体食盐内渗量愈大。为了达到完全防腐的目的,要求菇体盐分浓度至少在17%以上,因此所用盐水浓度至少应在25%以上。

(6)温度条件 夏季气温高,微生物繁殖快,盐水的浓度要适当高些;冬季温度低,盐水浓度可适当降低。

(7)氧化控制 缺氧是腌渍过程中必须重视的问题,缺氧条件下可有效地阻止菇体的氧化变色和败坏,同时还能减少因氧化造成的维生素 C 的损耗。所以,腌制时必须装满容器,注满盐水,不让菇体露出液面,装满后一定将容器密封,避免与空气的接触。

(六)鲜菇脱水烘干工艺

1. 加工原理

指采用日晒或烘烤的办法,使菇体水分降到可长期保藏的过程。姬菇干品的含水量在小于或等于 13%时,可长期保藏。

鲜菇一般含水量在 80%～90%,这些水分在菇体内以不同的形式存在,一是游离水,二是结合水。游离水是指菇体表面、细胞间隙以及菇体中的水分,这类水分流动性大,容易被排出。结合水则是不能自由流动的,按照在菇体内结合的牢固程度又分为胶体结合水和化学结合水(又称为结构水或化合水)。胶体结合水存在于大分子结构中,比游离水稳定,较难排出。胶体结合水的逐渐丧失,机体活性也随着丧失。化学结合水是构成菇体内有关成分的化合物水,存在于菇体的组织结构中,与其他元素结合成牢固结构,在干制过程中,是不能被排出的,若一旦被排出菇体,菇体将变成不可食用的黑焦炭。

干燥介质干制,是利用菇体与干燥介质(热空气)接触时,把热传递给菇体,表面水分受热蒸发,菇体组织内由外到里产生湿度梯度,水分不断地从高湿度的内部向低湿度的外部扩散,直到内外湿度梯度一致,也就是水分蒸发完毕,干燥结束。

2. 质量要求

(1)含水量 姬菇干品含水量应等于或小于13%。由于含水量小于13%时,菇体易碎;含水量偏高时,又容易引起变色、发霉和虫蛀,梅雨季节尤为突出,所以在实际操作中,大多生产者将含水量控制在13%～15%。其实含水量在12.5%～13%的姬菇,装在合格的纸箱中(内有塑料袋)是不易破碎的。

(2)外形 干品要求菇体保持鲜菇时的形态,菇盖完整,不变形扭曲,不破边。

(3)色泽 优质的干姬菇,除其他条件符合要求外,菇体的色泽有明确要求;菌褶整齐直立、不碎,整个底色为均匀一致的金黄色。

(4)其他 干品要求无异味,无病虫,无杂菌和霉斑。

3. 加工方法

(1)日晒干燥法 又称自然干燥法,这是最原始的干制方法,不需要设备,不需能耗,简便易行。缺点是干燥速度较慢,受天气影响很大,产品商业价值降低。具体操作:把整理后的姬菇菌褶面向上,放在竹筛或竹席等晒具上,置于阳光下晒干;也可用线穿过菌柄,一个个串起来,挂在太阳下晒干。

(2) 焙笼烘烤法 焙笼是用竹篾编织而成,高约 90 厘米,口径约 60 厘米,中间有一个托罩,安放在离口 30 厘米处,用以放置菇体,焙笼外围用双层竹篾编织,中间夹有旧报纸,以便保温。下面用火炉装炭火,入焙时,在火炉炭火上覆盖一层灰烬,以免产生火舌和烟。温度不可太高,一般控制在 40℃左右,用文火徐徐进行烘烤。在烘烤前,先将采收的姬菇剪去菇脚,晒数小时,再上焙笼烘烤,这样既可节约燃料,又可缩短烘烤时间,还能提高烘烤质量。

(3) 火坑式烘房烘烤法 火坑式烘房一般采用土木结构或砖与水泥结构,多为长方形,四周墙壁用砖砌或三合土夯成,房顶盖瓦,房顶斜度不大。房门开在侧面中间,宽 67 厘米,高 170 厘米。房内设人行道和火坑,人行道宽 70 厘米。火坑在地面挖成,宽 65 厘米,深 30 厘米,并有一定斜度。每条火坑中间筑一小墙,高 40 厘米,火坑与人行道之间筑一道墙,高 60 厘米,厚 20 厘米,以便工作人员安全操作。在火坑之上,分层设置烤架,层距 25 厘米,最底层距地面 80 厘米,烤筛用竹料编成,长 80 厘米,宽 60 厘米,筛板上留有方形小网眼。

烘烤前,先在火坑中堆放高约 30 厘米的木炭,点燃至烧得通红时,再均匀摊开放入火坑中,在木炭上面覆盖一层灰烬,用手背触摸底层烤架,以稍感烫手(温度约 45℃)为适宜。然后,将鲜菇按大小及厚薄分级,分别放于烤筛中,以便烘烤时干燥均匀一致。

烘烤时要经常检查火力和菇的干燥程度。待菇半干时,将菇由 2～3 筛合并为 1 筛,在筛内摊匀、摊平后继续烘烤。当下层菇七八成干时,倒入焙笼里继续烘烤,将上层菇移到下层,上层再放入鲜菇。倒入焙笼的姬菇烘干到菇柄易折断时取出(俗称"出焙")摊晾。发现其中有未干透的姬菇拣出,再放入焙笼中烘烤,直到完全干燥后再取出摊晾。待温度降至30℃时,及时装入塑料袋或其他防潮容器内贮藏。

(4)烟道外式烘房烘干法 此烘房一般建于室内,为长方形土木结构,烘房一端设炉灶,另一端设烟囱。烘房内设烟道,与炉灶和烟囱相连接。烟道宽与深均为40厘米,烟道上盖以铁板,也可用直径40厘米左右的陶瓷管做烟道。为了便于烘房内排潮,在烘房四周距地面10厘米处,每隔1米开设1个进气孔;进气孔宽5厘米,高10厘米,进气孔上设有活动木门。房顶上每隔1米开1个排气孔。进气孔与排气孔的位置交错设置。烘烤时,新鲜空气由进气孔进入烘房,加热后的热空气上升,由排气孔排出,带走潮气。在靠近烘架处开侧门,工作时打开侧门调整烤筛。侧门上设玻璃小窗作为观察孔,通过观察孔观察烘房内情况。

烘烤之前,先将烘房预热到40℃,待烘房内空气湿度降低后,按火坑式烘房烘烤法将鲜菇放到烤筛内放置于烘房的烤架上。烘房的温度不能急剧升高,一般每隔3~5小时升高5℃左右;最高温度不能超过65℃。此外,还要防止烘房温度的剧烈变化,波动幅度也要限制在5℃以内,不得超过。雨天菇体含水量大,一般不适宜烘干。若菇体已进入成熟、非采不可时,则先采用排风扇排湿。鲜菇进房烘烤时,先将烘房预热至40℃,并打开全部通气窗,加大风量,排除菇体水分。烘房温度尽快升至50℃~60℃,直至烘干。

(5)脱水干燥机 这是最简单的常压间歇式热风干燥机。干燥室的侧壁、顶壁和底壁都用绝热材料做成,箱内有多层(10~25层)框架,其上放置料筛(盘)。鲜菇的脱水只能在

50℃～60℃温度下进行。因此,料筛(盘)既可以用金属材料制作,也可以用竹篾编织。烘箱(房)中有供空气循环用的风机来强制空气流过加热器,然后均匀地流过每只料筛(盘)。风机可用离心式,也可用轴流式。空气流速为 120～130 米³/分。如果烘箱(房)中用挡板造成穿流接触式,则每平方米料筛(盘)面积应保证有 30～75 米³/分的热空气穿过,这样对鲜菇脱水干制的效果较好。脱水干燥机设有空气加热器,多用翅片式暖风片加热空气。中型烘箱(房)可用柴片或煤炭加热铸铁炉胆或厚度为 4～6 毫米的钢板,再由炉胆或钢板加热空气;小型烘箱也可以用电炉丝加热空气。排风口风门,用于控制废气的排出量,使一部分废气留在烘箱(房)中,与新鲜空气混合后再循环,可以节省能源。此外,烘箱(房)中还必须安装温度感应计,感温元件悬挂在趋近料筛(盘)的气流中,外接自动蒸汽控制阀或继电器,使其便于调控脱水温度。

箱式干燥机内,气流在各层之间往往分布不均,会造成各层料筛(盘)所处的温度不均衡,鲜菇很难同步脱水,生产中可通过调换料筛(盘)位置等措施予以克服。

(6)隧道式干燥器 该机器实质上是数台盘架式干燥设备按一定顺序进行脱水操作的半连续式干燥设备。装有鲜菇的料车按一定时间间隔,从隧道的一端进入干燥区,整个一列料车向前推进一车距离,干燥好的料车从隧道的另一端移出,构成了半连续的作业方式。料车高 1.5～2 米,料筛(盘)用竹木或轻金属制作,盘底呈筛状,盘间留出适当的空气通道。隧道全长的中间部分有一段隔板将隧道隔成上、下两个区域,上部为加热区,下部为干燥区。干燥区的横截面刚好纳入料车,以免热空气在料车周围做无功的流动。这种隧道式干燥器的效率较高,1 条 12 车的隧道,如果料筛(盘)的规格为 1 米×2

米,每车叠放 25 层,按每平方米装鲜菇 6 千克计算,12 车能容纳 3 600 千克鲜菇。

隧道式干燥器更适合于生产规模较大的情况下采用。当生产规模较小时,最好购置箱式干燥器,进行干制加工。在烘烤前,按设备型号使用说明书试机,并检查烘室(房)内的干净程度,有无漏气,设备是否齐全,调控系统是否自如灵活;再启动烘机,预热烘室(房),使热风达到起始温度;然后按菇体大小、厚薄分类,大厚菇体在下,小薄菇体在上,逐个把菇排在竹筛或铁丝筛上,依次排入烘室(房);再按操作程序认真管理。

(7)低温除湿干燥机 该机器采用红外电热元件供热。其最大的优点是干燥温度低,能提高干燥产品的质量,营养成分保存好,色泽自然,复水性能好,加工后产品在国际市场上有竞争力,但加工干燥的时间需要更长。

该机由制冷工质与闭合循环的空气闭合循环组成。工作原理与制冷机原理大致相同。由于压缩机的加压,使冷冻工质由气态变为液态,放出热量用于加热预热后的空气,使其达到 55℃~65℃,由循环风机推动穿透被烘菇层,使鲜菇脱水。饱和湿空气在热交换器中被冷却、露化,析出的水分从排水管中溢出。露化后的低饱和空气在通过蒸发器时,由液态制冷工质的膨胀阀中减压膨胀,由液态变成气态,工质大量吸热,使未饱和空气进一步冷却,其中水分析出后,在热交换器中吸收干燥机废气的热量而被预热,再经冷凝器被加热,又回到干燥室中工作。这种设备耗电主要是压缩机和循环风机,无需电热,因此,与其他电热干燥机械相比,可节省电能 50%~75%,且干燥均匀。其工作温度范围为 10℃~45℃。

4. 烘烤操作程序

(1) 适期采收 采收是烘烤工作的开始。要烘烤出高质量的干品,采收时必须注意几点:第一,适时采收,过早采收影响产量,过迟采收品质下降。第二,采收时轻拿轻放,采收筐不宜过大,每个采收筐中不要堆放太多,放入采收筐时应将菌褶面朝上,以免造成菌盖边缘破损。

(2) 分级整理 按要求清除杂物、剪去菇蒂,并按菇体大小分级。

(3) 摊排上架 将分级后的菇体单层摆放于料筛上,菌褶面朝上。摆放大菇、肉厚菇的料筛置于烘箱(房)上层,小菇、薄菇置于下层。

(4) 温度控制 姬菇烘烤的质量与不同的干燥期温度的控制密度相关。一般情况下,前 2~3 小时的预备干燥期,温度控制在 40℃ 左右,通气孔全开;随后 4~6 小时的恒速干燥期,温度从 45℃ 缓慢升至 50℃,通气孔由全开到关闭 1/3;经过恒速干燥期后,进入稳定干燥期,温度从 50℃ 逐渐升到 55℃,关闭通气孔 1/2;在烘干前 1~2 小时的干燥完成期,通气孔微开,温度控制在 60℃~65℃。烘烤经验表明:在烘烤的过程中,趁菇体软化、含水量 70% 左右时,翻动鲜菇可使其不粘筛。

(七) 姬菇罐头制作工艺

1. 原料清理

原料的验收和漂洗,选择新鲜无害的姬菇,将其倒入清水中,轻轻搅动,彻底洗去泥沙等杂质。

2. 预煮分级

用清水进行预煮,菇水比为 1∶1,煮沸 8～10 分钟,煮透为度,捞出放入清水中冷透。按菌盖大小分为直径 5.0～6.5、6.6～8.0、8.1～10.0 厘米 3 级。菌盖直径大于 10 厘米的特大菇,以及破损菇、畸形菇等,用手撕成块状,供制块菇罐头用。

3. 装罐加汁

装罐前再经漂洗 1 次,除去碎屑和杂质。菌盖直径在8.0 厘米以下的,装入 7116 型罐,装量 250～260 克,成品罐头净重 425 克;直径在 8 厘米以上的,装入 9124 型罐,装量480～490 克,成品罐头净重 850 克;块菇装入 7116 型罐,装量 250～260 克,成品罐头净重 425 克。汤汁为 2.5% 的食盐水。注入时汤汁温度不低于 80℃。

4. 排气封罐

预封后加热排气,排气箱中温度为 95℃～98℃,排气时间 8～10 分钟,罐内中心温度达到 75℃以上时,开始封罐。

5. 灭菌冷却

425 克装罐,杀菌式为:15 分钟－20 分钟－10 分钟/121℃;850 克装罐,杀菌式为:15 分钟－20 分钟－10 分钟/121℃。冷却后的罐头放入 35℃左右的培养室培养 7 天,逐罐敲打听检。剔除不合格产品。抽取一定量的合格罐头开罐评品。

6. 产品要求

(1) 感官指标　菇体灰黄色至灰褐色,汤液较清,允许稍带胶质和碎屑,但绝不允许有杂质。

(2) 理化指标　具有姬菇固有风味,无异味;固形物含量不低于净重的 53%,氯化钠含量为 0.8%～1.5%。

(3) 卫生指标　应符合国家 GB 7098－2003《食用菌罐头卫生标准》各项指标要求。

(八)姬菇膨化生产工艺

以姬菇为原料加工高营养膨化食品的工艺流程如下:

去杂清洗→干燥粉碎→过筛调料→膨化→成品包装

1. 原料与设备

大米、姬菇粉、白砂糖、食用植物油、食盐等为原料。配备:膨化机、粉碎机、烘干机等。

2. 控制水分

混料过程中,水分含量对膨化产品质量有明显影响,含水量在 25%～35% 时,膨化食品酥松均匀,膨化效果好,物料最佳含水量为 30%。

3. 菇粉添加量

姬菇粉含量低于 15% 时,尽管对膨化效果影响不大,但产品色白味淡;当含量高于 15% 时,产品色黄至黄褐色,但膨化效果差,产品硬。因此,当菇粉含量在 5%～15%时,膨化产品色淡黄,酥松可口,最佳含量为 10%。

4. 产品营养分析

当菇粉含量为 10%时,膨化产品中的总蛋白质含量为 11.2%,比普通膨化产品高 43.6%;多糖含量为 1.1%,比普通的膨化产品高 380%。另外,菇粉中还含有大量的矿质元素、膳食纤维等,因此,姬菇膨化食品比普通膨化食品具有更好的营养保健功能。

5. 膨化机设置

膨化机螺杆转速为每分钟 750 转,机腔内温度 200℃加工的产品质量最优。

(九)姬菇油炸酥脆生产工艺

本品工艺流程如下:

鲜菇整理→清洗切条→油炸分离→营养油→装瓶
　　　　　　　　　　　　　　↓
　　　　　　　　干品→调味→包装

1. 原料整理

选七八成熟度,菇形正常,无病斑、虫蛀,孢子未散发的新鲜姬菇做原料。剪去菇柄,分成单朵状,用清水快速冲洗干净,沥水后风干表面水分。如果菇体吸附水较多,可用离心甩干机除去大部分水,然后将菇体分瓣成单朵状。

2. 入锅油炸

选用精炼菜子油(菇用量为油量的40％为宜),置油炸锅内加热至120℃～130℃;菇体装在金属网篮里,入油锅油炸。注意观察菇条变化,以调整油温,并稍加翻动,确保受热均匀。油炸时间一般为10分钟左右,产品呈金黄色、稍脆时停止加热,提出金属网篮,沥去表面浮油。

3. 加料调味

油炸菇干成品率为30％～35％。可根据消费者口味,按比例加入调味料,如食盐、味精、蒜泥、姜末、辣椒粉、花椒粉、五香粉、酱油、白糖、柠檬酸等,可制成多种风味的脆菇干。

4. 真空包装

采用复合薄膜包装袋,包装量25克、50克、100克不等。称量后的产品通过漏斗装入袋内,这样装袋的袋口不会粘上油汁,有利于真空封口,真空度66.67千帕抽空热封。

5. 菇油装瓶

油炸姬菇后的油,含有营养丰富的菇浸出物,味鲜、香浓。经筛网过滤,冷却后直接装入消毒过的玻璃旋盖瓶,即为"营养菇油"。也可在菇起锅时,趁热放入少量调味料数分钟,待香料呈现深棕色、味浓时,捞出香料,待冷却后再装瓶,可得到"调味菇油"。

（十）姬菇蜜饯生产工艺

1. 选料修整

按新鲜姬菇 80 千克,白糖 45 千克,柠檬酸 0.15 千克比例选取配料。选八九成熟、色泽正常、菇体完整、无机械损伤、朵形基本一致、无病虫害、无异味的合格菇为原料。用不锈钢小刀将菇脚逐朵修削平整,菇柄长不超过 1.5 厘米,规格基本一致。

2. 浸灰清漂

将鲜菇放入 5% 石灰水中,每 50 千克菇体用 70 升石灰水。灰漂时间一般为 12 小时,要把菇体压入石灰水中,以防上浮。将菇体置于开水锅中,待水再次沸腾、菇体翻转后,即可捞起回漂 6 小时,期间换水 1 次。

3. 糖浆渍制

锅内加水 35 升煮沸后,将 65 千克蔗糖缓缓加入,边加边搅拌,再加入 0.1% 柠檬酸,直到加完拌匀,烧开 2 次即可停火。煮沸中可加入蛋清或豆浆水去杂提纯,用 4 层纱布过滤,即得浓度 38 波美度的精制糖浆。若以折光计校正糖液浓度,约为 55%,pH 值为 3.8～4.5。将晾干水分的菇体倒入腌缸中,加入冷制糖浆,浸没菇体。渍制 24 小时后,捞起另放。糖浆倒入锅中熬至 104℃时,再次渍糖 24 小时,糖浆量以菇在缸中能搅动为宜。

4. 入缸封盖

将糖浆与菇体一并入锅,用中火将糖液煮至温度达到109℃时,舀入腌缸中48小时。由于是半成品,其贮藏时间可长达1年。如急需食用或出售,至少需糖渍24小时。

5. 产品要求

(1)感官指标 成品呈灰白色,光亮半透明状,具姬菇特有的芳香,酸甜可口,柔软略富有弹性,不粘牙,不发皱,块形完整,表面光滑,无异味,无外来杂质。菇形自然,均匀一致,色泽浸白色,组织滋润化渣,口味清香纯甜。

(2)理化指标 含水量12%～15%,还原糖20%～25%,pH值4.0～4.8。

(3)卫生指标 致病菌不得检出,符合国家食品卫生标准。

(十一)姬菇麻辣酱生产工艺

1. 原料处理

如果原料是盐渍菇,置于清水中浸48小时后,用自来水冲洗3次,再置清水中浸12小时,再冲洗3次备用。如果原料是鲜菇,则要进行杀青,在不锈钢锅的沸水中杀青烫软。

2. 绞碎研磨

将杀青的鲜菇或脱盐菇与水发干姬菇或鲜姬菇,按3:2的比例(质量比),置绞肉机内绞碎备用。初步绞碎的菇,按2:3的比例(体积比)加水(可利用发姬菇的水或杀青水)进胶体磨研磨,反复研磨 4 次。

3. 调配辅料

在胶体磨研磨过程中加辅料,按每千克菇加食盐 8 克、味精 2 毫克、白醋 24 毫升、黄酒 20 毫升、食糖 80 克、麻辣酱 60 克、辣椒色素 7 克、高粱色素 4 克。

4. 加增稠剂

用琼脂作增稠剂,溶化后按 0.2% 比例,于 60℃ 下加入调配好的菇酱中,边加边搅拌均匀,即为姬菇麻辣酱。

5. 分装灭菌

将配好的姬菇麻辣酱,分装 200 克或 250 克精制小玻璃瓶内,瓶口加一层厚 0.02 毫米的聚丙烯膜,铁盖封口,置蒸汽灭菌锅中于(121℃)压力下灭菌 45 分钟。冷却后置洁净的库房里,于 35℃ 条件下培养 5 天,抽样质检,合格贴标,装箱。

6. 产品要求

(1)感官指标 酱红色,麻辣爽口,半固体,为酸性食品。

(2)理化指标 含水量 65%～70%,干物质 30%～35%,含盐量 0.8%,粗蛋白质 2.8%～3.8%,脂肪 2.0%～2.2%,碳水化合物 45%～48%,pH 值 4.0～4.5。

(3)卫生指标 致病菌不得检出,符合国家食品卫生商业标准。保质期为 6～8 个月。

九、姬菇规范化栽培产品质量标准

(一)产品分级标准

姬菇产品的分级,目前未见有国家统一的标准,目前主要是根据市场需要和客商的要求而设定的。出口日本的姬菇标准为:菌盖直径 0.8～1.5 厘米为一、二级品;菌盖直径 2.5 厘米以上为三级品;菌柄长均不得超过 4 厘米。

姬菇产品标准,有的省区和企业虽有制定一些标准,但不很统一。从现有市场要求情况看,姬菇产品标准可参照 NY 5096－2002《无公害食品平菇》标准,其感官指标见表 9-1。

表 9-1 无公害姬菇的感官要求

序号	项目	要求
1	外观	具姬菇特有的色泽;表面无萌生的菌丝,允许菌盖中央凹进处和菌柄基部有白色菌丝;菌褶无倒伏
2	气味	具姬菇特有的清香味
3	手感	干爽,无黏滑感
4	霉烂菇	无
5	虫蛀菇(虫孔数/千克)	≤30
6	水分(%)	≤91

(二)产品卫生标准

姬菇产品卫生标准可参照 NY 5096—2002 标准执行。

1. 干鲜品卫生标准

见表 9-2。

表 9-2　无公害姬菇的卫生指标

项　目	指标(毫克/千克)
砷(以 As 计)	≤0.5
铅(以 Pb 计)	≤1
汞(以 Hg 计)	≤0.1
镉(以 Cd 计)	≤0.5
多菌灵(carbendazim)	≤0.5
敌敌畏(dichlorvos)	≤0.5

注:根据《中华人民共和国农药管理条例》,剧毒和高毒农药不得在蔬菜(包括食用菌)生产中使用。

2. 盐渍品卫生指标

参考主产区行业标准,见表 9-3。

表 9-3 姬菇盐渍品卫生标准 （单位:毫克/千克）

项　目	指　标
总砷(以 As 计)≤	0.5
铅(以 Pb 计)≤	1.0
亚硝酸盐(以 NaNO₂ 计)≤	20.0
食品添加剂	应符合 GB 2760 的规定
大肠菌群(个/100 克)　散装 ≤	90
袋、瓶装 ≤	30
致病菌(沙门氏菌、志贺氏菌、金黄色葡萄球菌)	不得检出

生产加工过程的卫生要求,应符合 GB 14881 的规定。

3. 罐头制品卫生指标

按 GB 7098－2003《食用菌罐头卫生标准》,见表 9-4。

表 9-4 姬菇罐头制品卫生标准

项　目	指　标
锡(Sn)(毫克/千克)	≤250
铅(Pb)(毫克/千克)	≤1.0
总砷(以 As 计)(毫克/千克)	≤0.5
总汞(以 Hg 计)(毫克/千克)	≤0.1
米醇菌酸/(毫克/千克)	≤0.25
六六六/(毫克/千克)	≤0.1
DDT/(毫克/千克)	≤0.1

微生物指标应符合罐头食品的规定。

4. 绿色食品农药最大农残限量标准

姬菇绿色标准应按农业部 NY/T 749－2003《绿色食品

食用菌》标准规定的农药残留最大限量指标。见表9-5。

表 9-5　绿色食品姬菇农药残留最大限量标准　（单位：毫克/千克）

项　目	指　标
六六六	≤0.1
滴滴涕	≤0.05
氯氰菊酯	≤0.05
溴氰菊酯	≤0.01
敌敌畏	≤0.1
百菌清	≤1.0
多菌灵	≤1.0

十、姬菇菌渣二次利用

(一)废筒脱膜粉碎技术

姬菇生产后的菌渣,经化验还含有许多没被分解利用的营养物质,可以通过脱去袋膜,取其料渣,再用作种菇原料。但由于废筒脱膜打碎手工操作不便,且工效甚低,近年来,福建省古田县文彬食用菌机械修造厂研制成功一种"食用菌废筒脱膜粉碎分离机"获国家专利。该机每台只需2人操作,每小时可脱膜粉碎废筒短袋5 000袋,长袋3 000袋。只要废筒放入机内,袋膜与废料即刻分离,其废膜不粘料,废料粉呈原状态。配有电机,三相功率3千瓦,单相功率2.2千瓦,耗电少。该机体积小,机身宽60厘米,长110厘米,高90厘米,配有小轮可以推动流动使用,十分方便,有效地促进废筒的再利用。

(二)菌渣栽培蘑菇技术

姬菇栽培产品采收结束后的固体残余物称为菌渣或菌床废料。但这种渣料并不完全是废物,由于营养生理的差异,或因分解不彻底以及残留在培养料残渣中的菌丝及分解产物,仍有很高的利用价值,可用于二次栽培。如姬菇以利用纤维材料中的木质素和半纤维素为主,很少消耗纤维素,而蘑菇则以纤维素为主要碳源。因此,在姬菇的菌渣中,由于菌丝的降解作用,可使纤维素含量在干物质中相对的提高,而有利于蘑菇菌丝的吸收利用。此外,在姬菇菌渣中还含有较多三羧循环的产物和活性物质,有利于刺激堆肥微生物生长,加速堆肥的腐熟过程和提高堆肥质量。

湖北天门食用菌研究所利用棉籽壳栽培姬菇的菌渣粉碎晒干后栽培蘑菇。操作方法:在 100 千克姬菇废料中,加新鲜棉籽壳 20 千克,干牛粪 20～30 千克,石膏 1.5～2 千克,尿素 0.5 千克,过磷酸钙 1 千克,按常规方法堆制发酵。堆制时间可缩短 5～7 天,减少 1 次翻堆,出菇时间可提前 2～3 天,在管理水平相同的条件下,与常规粪草堆肥的产量大致相等,原料利用率提高 80%。

四川万县采用姬菇和木耳废料的混合物栽培蘑培,也收到很好的效果。每 100 平方米栽培面积,用姬菇菌渣(主要基质为稻草)1 200～1 450 千克,木耳菌渣(主要基质为木屑)1 400～1 500 千克,尿素 10～13 千克,过磷酸钙 30～34 千克,石膏 10～12 千克,草木灰 50～56 千克,石灰粉适量。先将姬菇、木耳废料分别预湿,含水量调至 70%,然后分层堆料,并放入尿素、磷肥,顶部用泥密封。3～5 天后,堆温达 65℃后翻堆,复堆时分层放入石灰和草木灰。堆制期 10～12 天,翻堆 3 次,按常规方法栽培。发菌时间比常规堆肥快 2～3 天,出菇时间提前 5～6 天。每平方米产秋菇 5.36 千克,春菇 5.08 千克。生产周期比常规方法缩短 15 天,每 100 平方米省工 360 个,可增产 10%左右。

(三)菌渣栽培草菇技术

姬菇菌渣用于栽培草菇在国内很受重视。据山东泰安市农业科学研究所分析,栽培平菇的棉壳菌渣,经测定,含干物质87.2%,粗蛋白11.8%,粗纤维22.45%,粗脂肪0.44%,无氮浸出物46.07%,灰分6.48%。在试验中发现,用姬菇菌渣50%,麦秸50%,另加尿素0.5%,多菌灵0.1%,石灰15%,加水量1∶1.30,装料袋栽,16天出菇,菇期11天,采2潮菇,生物学效率21.8%。与麦秸栽培相比,生物学效率可提高23.5%,每生产1吨鲜菇,生产成本可下降72%。

但目前较多采用的是发酵料畦栽法,即在姬菇菌渣中添加部分辅助料,经发酵处理,按草菇畦栽常规生产管理,其生物学效率可达30%~35%。以下介绍几种高产配方。

姬菇菌渣中加生石灰3%~5%,过磷酸钙1%,麦麸5%,石膏1%~1.5%。发酵后采用地沟栽培,生物学效率稳定在30%~35%。

姬菇菌渣中添加鸡粪或圈肥20%,多菌灵0.2%,石灰3.5%。

姬菇菌渣中添加尿素0.3%,肥土5%,生石灰5%~6%,敌百虫0.2%。

(四)菌渣二次再栽姬菇技术

据日本资料介绍,栽培姬菇的木屑培养料在采收完毕后捣碎,加入褐藻类(墨角藻、马尾藻、海带等)水解产物0.2%,水溶性肥料(含氮6.5%、磷酸6%、钾19%)0.2%,蛋白胨0.2%,重新接种姬菇,能达到第一次播种时的产量水平。

国内在这方面也做了许多研究,并在姬菇主要栽培区推广应用。中原生物技术开发处采用的方法是:取姬菇菌渣晒干打碎,用菌渣100千克,新鲜棉籽壳50千克,石灰1~2千克,多菌灵 100～200 克,调含水量 65%,进行畦栽,料厚 8～10 厘米,覆土 1～2 厘米,20 天左右出菇,可采 3 潮菇,生物学效率达 100%。

也可用姬菇菌渣 88%,加米糠 10%,石膏、糖各 1%,拌料后装袋,按堆袋法进行出菇管理,出菇早、出菇快、转潮快,生产周期短,一般可采 3 潮菇,生物学效率 85%。还有的在姬菇菌渣内补充部分新的原料,配方为:木屑菌渣 70%,棉籽壳 10%,木屑15%,米糠或麦麸 5%;或棉籽壳菌渣 60%,新鲜棉籽壳 10%,木屑 30%。以上两组配方中,均另加石灰 3%,草木灰 3%,复合肥1%,多菌灵 0.1%,料水比 1:1.4。采用熟料袋栽法,春季在室内出菇,6 月中下旬后,移至室外菇棚或林地,进行畦床覆土栽培管理,生物学效率可达 90%～110%,累计第一次栽培的产量,总生物学效率可达到 260%～310%。

(五)菌渣栽培竹荪技术

河南省科学院生物所采用姬菇菌渣栽培长裙竹荪,其配方是:姬菇菌渣 45%,麦秸 55%。3 月初至 7 月初播种,在阔叶林地挖畦床,宽 40 厘米,深 14 厘米,播种前用 500 倍的敌敌畏、辛硫磷混合液消毒场地。麦秸用 0.1%多菌灵水浸 15分钟,捞出沥干;将晒干打碎的平菇废料用 0.1%多菌灵液调含水量 65%。将两种原料混匀上床,层播,二层料、二层菌种,每层料厚 7 厘米,每平方米投料 13 千克,用种量木屑种为8%,麦粒种为 3%,然后在料面覆土 4 厘米,畦四周筑 7 厘米高土埂,上盖地膜及草帘。按竹荪畦栽常规管理。从播种到采头潮菇约 80 天,每平方米可收干竹荪 214 克。用纯姬菇废料亦可栽培,但产量较低。

金盾版图书，科学实用，
通俗易懂，物美价廉，欢迎选购

　　以上图书由全国各地新华书店经销。凡向本社邮购图书或音像制品，可通过邮局汇款，在汇单"附言"栏填写所购书目，邮购图书均可享受9折优惠。购书30元(按打折后实款计算)以上的免收邮挂费，购书不足30元的按邮局资费标准收取3元挂号费，邮寄费由我社承担。邮购地址：北京市丰台区晓月中路29号，邮政编码：100072，联系人：金友，电话：(010)83210681、83210682、83219215、83219217(传真)。